KB132779

개정판

그림으로 보는
거의 모든 것의
역사

A REALLY SHORT HISTORY OF NEARLY EVERYTHING

by Bill Bryson

역자 이덕환(李惠煥)

서강대학교에서 34년 동안 이론화학과 과학커뮤니케이션을 가르치고, 은퇴한 명예교수이다. 저서로는 『이덕환의 과학세상』이 있고, 옮긴 책으로는 『거의 모든 것의 역사』, 『같기도 하고 아니 같기도 하고』, 『춤추는 술고래의 수학 이야기』, 『먹거리의 역사』, 『아인슈타인』, 『양자혁명 : 양자물리학 100년사』 외 다수가 있으며, 대한민국 과학문화상(2004), 닮고 싶고 되고 싶은 과학기술인상(2006), 과학기술훈장웅비장(2008), 과학기자협회 과학과 소통상(2011), 옥조근정훈장(2019), 유미과학문화상(2020)을 수상했다.

그림으로 보는 거의 모든 것의 역사

저자 / 빌 브라이슨

역자 / 이덕환

발행처 / 까치글방

발행인 / 박후영

주소 / 서울시 용산구 서빙고로 67, 파크타워 103동 1003호

전화 / 02 · 735 · 8998, 736 · 7768

팩시밀리 / 02 · 723 · 4591

홈페이지 /www.kachibooks.co.kr

전자우편 / kachibooks@gmail.com

등록번호 / 1–528

등록일 / 1977. 8. 5

초판 1쇄 발행일 / 2009. 1. 30

개정판 1쇄 발행일 / 2020. 10. 30

　　　2쇄 발행일 / 2022. 5. 3

값 / 뒤표지에 쓰여 있음

ISBN 978–89–7291–724–3 03400

개정판

그림으로 보는 거의 모든 것의 역사

빌 브라이슨 | 이덕환 옮김

대니얼 롱, 돈 쿠퍼, 헤수스 소테스, 케이티 폰더 그림

까치

차례

새로운 시대의 도래

위험한 행성

생명, 그 자체

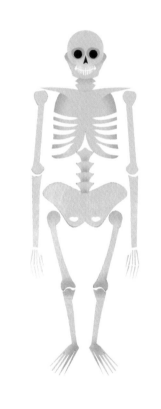

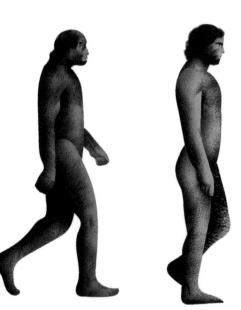

서문

눈을 감고 '무한'이 얼마나 큰 것인지를 생각해본 적이 있나요? 우주가 존재하기 전에 무엇이 있었는지 생각해본 적이 있나요? 빛의 속도로 여행을 하거나 블랙홀을 들여다보는 모습을 상상해본 적이 있나요?

그런 것을 생각하면 골치가 아픈가요? 걱정하지 마세요. 내가 여러분을 도와드리겠습니다. 나는 그런 문제들 때문에 거의 50년을 고민하다가 결국에는 (성격이 게으른) 내가 스스로 답을 찾아보기로 했습니다. 여러분이 손에 들고 계신 책이 바로 그 결과입니다.

이번 특별 개정판에서는 좋은 내용은 그대로 두었지만, 분량을 많이 줄였고, 우리 우주가 어떻게 구성되어 있는지를 정확하게 이해할 수 있도록 해주는 멋진 그림들을 많이 넣었습니다.

이 책을 쓰면서 두 가지 특별한 사실을 배웠습니다. 첫째는, 자세히 들여다보면 대단하고 재미있지 않은 것이 없다는 사실입니다. 아무것도 없는 곳에서 어떻게 우주가 시작되었는지, 우리의 몸이 어떻게 서로 조화를 이루며 함께 움직이는 수없이 많은 무심한 분자들로 구성되었는지, 바닷물은 왜 짠지, 항성들이 폭발하면 무슨 일이 생기는지, 그밖의 모든 것들이 전부 놀라울 정도로 흥미롭습니다. 정말 그렇습니다.

둘째는 우리가 엄청나게 운이 좋았기 때문에 지금 이 순간에 여기에 있게 되었다는 사실입니다. 상상도 할 수 없을 정도로 광대한 우주에서 우리가 알고 있는 단 하나의 작은 점에 지나지 않은 행성에만 생명이 존재하고, 그리고 우리가 그런 행성에서 태어나게 되었습니다. 여러분과 나, 그리고 수십억의 또다른 행운의 생명들이 일어나서, 돌아다니고, 이야기하고, 생각하고, 바라보고, 행동하는 유일한 존재일 것입니다. 여러분이 그런 행운을 타고났다면 스스로 '그런 일이 어떻게 일어났을까?'라고 궁금해하는 것은 당연한 일입니다.

이제 책을 열고, 나와 함께 정말 우리에게 그럴 능력이 있는지를 살펴보기로 합시다.

빌 브라이슨

도대체 어떻게 알아냈을까?

이 책은 어떻게 그런 일이 일어나게 되었는가에 대한 것이다. 특히 우리가 정말 아무것도 없는 곳에서 무엇인가 있는 곳까지 어떻게 오게 되었고, 아주 조금에 불과했던 그 무엇이 어떻게 우리 자신으로 바뀌게 되었으며, 그리고 그 사이에 일어났던 일의 일부와 그 이후에 대한 책이다.

사실인지 분명하지는 않지만, 나의 출발점은 내가 초등학교 4-5학년 때에 가지고 있던 과학 책이었다. 그 책은 1950년대의 모든 교과서가 그랬듯이 낡고, 가까이하고 싶지 않고, 두꺼웠지만, 첫 부분에 나를 사로잡은 그림이 있었다. 거대한 칼로 지구를 잘라서 전체 부피의 4분의 1 정도를 조심스럽게 드러내어 행성의 내부를 볼 수 있도록 그린 단면도였다.

너무 깜짝 놀라서 얼어붙었던 것이 생생하게 기억 난다. 아무런 의심도 하지 않는 운전자가 갑자기 6,500여 킬로미터 높이의 절벽에서 지구의 중심으로 곤두박질치는 끔찍한 모습이 떠올랐기 때문이었을 것이다. 그러나 서서히 내 관심은 학구적으로 바뀌어서 그 그림의 과학적 의미를 이해하게 되었다. 그림 설명을 읽고, 지구가 불연속적인 층으로 이루어져 있으며, 그 중심에는 태양의 표면만큼이나 뜨거운 철과 니켈이 있다는 사실을 깨닫게 되었다. 그리고 나는 정말 심각하게 고민했다. **어떻게 그런 사실을 알아냈을까?**

나는 과학이 정말 따분하긴 하지만, 반드시 그래야 할 필요는 없다고 생각하면서 자랐다.

2

기적이다!

나는 한순간도 그런 정보가 옳다는 사실을 의심하지 않았다. 나는 지금도 외과의사나 배관공을 믿는 것처럼 과학자들이 하는 말을 믿으려고 한다. 그러나 나는 일생 동안 어떻게 사람이 눈으로 본 적도 없고, X-선이 뚫고 들어갈 수도 없는 수천 킬로미터의 깊은 공간이 어떻게 생겼고 무엇으로 구성되었는가를 알아낼 수 있는지 이해할 수 없었다. **나에게는 기적과도 같은 일이었다.**

어떻게, 그리고 왜?

한껏 들뜬 나는 그날 밤 책을 집으로 가져왔고, 저녁을 먹기 전에 책을 펼쳐서 첫 쪽부터 읽기 시작했다. 어머니가 내 이마를 짚어보고 어디 아프지 않냐고 물어볼 것이라고 예상했다. **그런데 문제가 생겼다. 그 책은 전혀 재미있지 않았다.**

무엇보다도 그림을 보고 떠올랐던 의문 중 어느 것도 해결해주지 않았다.

• 지구의 중심에 어떻게 태양이 자리잡게 되었고, 그것이 얼마나 뜨거운지를 어떻게 알아냈을까?

• 땅 밑이 불타고 있다면 왜 우리 발 밑의 땅을 만져도 뜨겁지 않을까?

• 그리고 왜 땅속의 다른 것들이 녹아버리지 않을까, 아니면 녹고 있을까?

• 그리고 마침내 속이 전부 타버리고 나면, 땅의 일부가 빈 공간으로 꺼져서 표면에 거대한 하수구 구멍이 생기게 될까?

어느 천재가?

교과서의 저자는 그런 자세한 문제에 대해서는 이상할 정도로 침묵했다. 심보가 고약한 저자가 좋은 것은 꽁꽁 숨겨두려고 그런 모든 것들을 짐작도 할 수 없도록 만들어버린 것 같았다. 그리고 긴 세월이 지난 10여 년 전에 태평양을 횡단하는 비행기에서 멍하니 창밖을 내다보던 나에게 갑자기 내가 살고 있는 지구에 대해서 가장 기본적인 것조차 모르고 있다는 생각이 떠올랐다.

나는 이런 것도 몰랐다···

• 양성자는 무엇이고, 단백질은 무엇인지?

• 쿼크와 퀘이사가 어떻게 다른지?

• 지질학자들이 계곡의 암석층을 보고 얼마나 오래된 것인지를 어떻게 말해줄 수 있는지?

• 지구가 얼마나 무겁고, 바위들이 얼마나 오래되었으며, 그 중심에 정말 무엇이 있는지?

• 원자의 내부에서는 무슨 일이 벌어지고 있는지?

• 과학자들이 지금도 지진은 물론이고, 날씨도 예측하지 못하는 이유가 무엇인지?

나는 과학자들이 이런 질문에 대한 답을 1970년대 말까지도 몰랐다는 사실을 기꺼이 알려주고 싶다. 과학자들은 자신들이 그랬다는 사실을 알려주고 싶어하지 않는다.

우주를 요리하기

그렇다면 우리는 어디에서 왔고, 어떻게 시작되었을까? 아마도 모든 것이 시작되었을 때는 세상의 모든 것을 구성하고 있는 물질의 작은 입자인 원자가 있었을 것이다. 그런데 사실은 아주 오랜 세월 동안 원자도 없었고, 그런 원자가 떠돌아다닐 우주도 없었다. 아무것도 없었다. 어디에도 정말 아무것도 없었다. 과학자들이 특이점이라고 부르는 상상할 수도 없는 작은 무엇이 있었을 뿐이다. **공교롭게도 그것으로 충분했다!**

우주의 조리법

준비 재료 :

- 크기를 10억분의 1로 축소한 양성자 한 개.
- 여기서부터 우주의 끝 사이에 있는 (먼지, 기체, 그리고 찾아낼 수 있는 물질의 모든 입자들을 포함한) 물질의 마지막 하나까지의 모든 입자.
- 지극히 작은 양성자보다 훨씬 더 작은 공간!

한 개의 양성자를 선택해서…

아무리 애를 써도 양성자가 얼마나 작은지 짐작조차 할 수 없을 것이다. 너무나도 작다. 물론 양성자는 그 자체만으로도 상상할 수 없을 정도로 작은 원자의 무한히 작은 일부이다. 이제 가능하다면 (물론 가능하지 않다), 그런 양성자들 중 하나를 정상적인 크기의 10억분의 1로 축소시킨다.

더해준다…

- 찾을 수 있는 물질의 모든 입자들.
- 그리고 모든 것을 무한히 작은 공간 속으로 밀어넣는다.

훌륭하다! 우주를 시작할 준비가 끝났다.

진정한 대폭발(빅뱅)이 일어나기 전에

안전한 곳으로 물러나서 눈앞에 펼쳐지는 장관을 보고 싶어하는 것은 당연하다. 그러나 불행하게도 재료들이 뒤섞인 작디작은 혼합물 주위에는 아무런 '공간'이 없기 때문에 물러날 곳도 없다. 우리를 시작하도록 만들어준 것이 무엇이든 상관없이 그것이 어둡고 경계도 없는 공간에 매달려 있는 점이라고 생각하고 싶은 것은 당연하다. 그러나 우선 당장은 아무런 공간도 없고 어둠도 없다. 우리 우주는 아무것도 없는 상태에서 시작할 것이다.

우리도 길을 나선다

너무나 빠르고 극적이어서 말로 표현할 수도 없는 영광의 순간에, 단 한 번의 눈부신 번쩍임 속에서 재료들이 느닷없이 형체를 띠기 시작한다.

- 최초의 생생한 1초 동안에 물리학을 지배하는 **중력**을 비롯한 힘들이 생겨난다.
- 채 1분도 지나지 않아서 우주의 지름은 1,000조(兆) 킬로미터가 넘게 커지지만 여전히 빠르게 팽창한다.
- 100억 도에 이를 정도로 엄청나게 뜨거운 열 때문에 결국에는 **수소**와 **헬륨** 같은 가벼운 원소들을 만들어낼 핵반응이 시작된다.
- 그리고 3분 만에 우주에 존재하거나, 또는 존재하게 될 모든 것의 98퍼센트가 만들어진다.

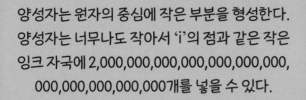
양성자는 원자의 중심에 작은 부분을 형성한다. 양성자는 너무나도 작아서 'i'의 점과 같은 작은 잉크 자국에 2,000,000,000,000,000,000,000,000,000,000,000,000개를 넣을 수 있다.

그래서 우리 우주는 아무것도 없는 상태에서 시작된다

정확하게 언제 그런 일이 일어났는지에 대해서는 논란이 있었다. 우주론 학자들은 창조의 순간이 100억 년 전이었는지, 아니면 200억 년 전이었는지, 아니면 그 중간의 언제인지에 대해서 오랫동안 논쟁을 벌여왔다. 대략 137억 년이라는 숫자로 의견이 모아지고 있는 모양이지만, 그런 것들은 불가능에 가까울 정도로 측정하기가 어렵다. 아주 먼 과거의 알 수 없는 어느 순간에 역시 알 수 없는 이유로 과학에서는 '시간은 0', 즉 $t = 0$이라고 알려진 순간이 있었다는 것이 우리가 말할 수 있는 전부이다.

대폭발 이전에는 시간이 존재하지 않았다. 그러나 1초의 아주 작은 일부가 지나면 t는 무엇인가가 된다. 그것이 무엇인지 알아보자.

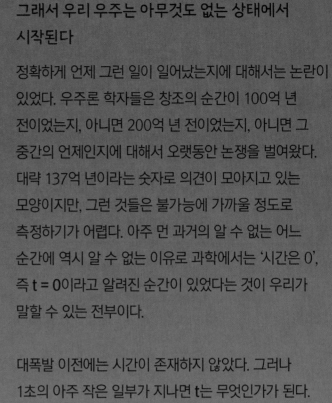

우리가 우주를 만들었다. 그곳은 훌륭한 곳이고, 아름답기도 하다. 그리고 대략 샌드위치를 만들 정도의 시간에 모든 것이 끝나버렸다.

거대한 대폭발

대폭발 이론은 폭발 그 자체에 대한 것이 아니라, 폭발이 일어난 직후에 대한 것이다. 아주 오랜 시간이 지난 후의 이야기는 아니다. 과학자들은 엄청난 양의 계산과 입자 가속기에서 벌어지는 일을 관찰해서 창조의 순간으로부터 10^{-43}초까지의 상태를 알아낼 수 있다고 믿는다. 그때까지만 해도 우주는 너무나 작아서 현미경이 있어야만 찾을 수 있을 정도였다.

중력이 나타나고…

대폭발이 일어나고 1조분의 1조분의 1조분의 1,000만분의 1초에 중력이 등장한다.

전자기력과

핵력이 순간적으로 등장해서 물리학의 재료가 마련된다.

기본 입자들이

전혀 아무것도 없는 상태에서 나타난다. 갑자기 양성자, 전자, 중성자 등이 무리를 지어 나타난다.

태양이 등장하고,

직경이 250억 킬로미터에 이르는 가스와 먼지의 거대한 소용돌이가 공간에서 만들어지기 시작한다. 그곳의 거의 모든 것, 사실은 99.9퍼센트가 태양을 만드는 데 쓰인다.

모든 사람들이 대폭발이라고 부르지만, 대부분의 책들은 그것을 일상적인 종류의 폭발이 아니라고 한다. 오히려 그것은 엄청난 규모의 거대하고 갑작스러운 팽창이었다.

지구가 나타난다

남아서 떠돌던 물질 중에서 두 개의 아주 작은 알갱이들이 충분히 가까워져 정전기력에 의해서 결합된다. 그것이 바로 우리의 행성이 탄생하는 순간이다.

'아기' 행성들

태양계 전체에서 똑같은 일이 일어났다. 먼지 알갱이들이 모여서 점점 더 큰 덩어리가 되었다. 결국 작은 행성체라고 부를 정도로 커졌다. 작은 행성체들이 끊임없이 서로 뭉쳐지면서 무한히 많은 방법으로 깨지거나, 갈라지거나, 다시 합쳐졌다. 그러나 모든 만남에서는 승자가 나타났고, 그런 승자들 중 일부는 자신들이 움직이는 궤도를 압도할 정도로 커졌다. 모든 일들이 놀라울 정도로 빨리 일어났다. 알갱이들의 작은 덩어리에서 아기 행성으로 자라기까지는 아마도 겨우 수만 년이 걸렸을 것이다.

달이 등장하고,

약 44억 년 전의 어느 순간에 화성 크기의 물체가 지구에 충돌했다. 그 충돌로 지구보다 훨씬 작은 새로운 덩어리를 만들기에 충분한 양의 물질이 떨어져나갔다. 100년 이내에 우리가 달이라고 부르는 공 모양의 돌덩어리가 만들어졌다. (달을 구성하는 물질의 대부분은 지구의 중심이 아니라 바깥쪽에 있는 맨틀에서 떨어져나간 것으로 생각된다. 그래서 지구에는 철이 많은데, 달에는 철이 거의 없다.)

엄청난 숫자들!

우주의 초기 순간에 대해서 우리가 알고 있다고 생각하는 대부분은 '초팽창 이론'이라고 알려진 이론 덕분이다. 창조의 시작부터 아주 짧은 순간에 우주가 갑자기 극적인 팽창을 해서 엄청난 속도로 커졌다고 생각해보자. 100만분의 100만분의 100만분의 100만분의 100만분의 1초 안에 우주는 손으로 잡을 수 있는 것에서 적어도 10,000,000,000,000,000,000,000,000,000배나 커진다.

그래서, 한순간에…

우리는 적어도 직경이 1,000억 광년에서 아마도 무한대에 이르는 어떤 크기의 거대한 우주를 가지게 되었다. 우주는 항성, 가스, 먼지, 그리고 하나의 중심 주변을 회전하는 다른 물질들의 엄청난 집단인 은하의 창조를 위한 준비를 완벽하게 끝냈다.

대기가 만들어진다

지구가 현재 크기의 3분의 1 정도였을 때부터 이미 주로 이산화탄소, 질소, 메탄, 황으로 이루어진 대기가 만들어지기 시작했을 것이다. 놀랍게도 그런 독성 가스의 혼합물에서 생명체가 만들어질 수 있었다. 이산화탄소는 강력한 온실 가스여서 지구의 온기를 지켜내는 데 도움이 되었다. 그때에는 태양이 훨씬 덜 밝았고 차가웠기 때문에 다행스러운 일이었다. 이산화탄소의 도움을 받지 못했더라면 지구는 영원히 얼어붙었을 것이고, 생명은 절대 시작될 수 없었을 것이다. 그러나 어쨌든 그렇게 되었다.

그리고 마침내 '사람'이다

그로부터 5억 년 동안 어린 지구에는 끊임없이 혜성과 운석을 비롯한 온갖 성운의 잔해들이 쏟아졌다. 그런 것들이 바다를 채울 물과 생명의 탄생에 필요한 성분들을 가져다주었다. 정말 험악한 환경이었지만 어쨌든 소량의 화학물질들이 생명으로 꿈틀거리게 되었고, 우리가 등장했다.

안녕! 만나서 반가워!

환영한다. 그리고 축하한다. 나는 여러분을 만나서 반갑다. 여기까지 오는 것이 쉽지 않았다는 것을 알고 있다. 사실 그것은 여러분이 생각한 것보다 조금 더 어려웠을 것이다.

우선 여러분이 지금 여기에 존재하기 위해서는 떠다니는 몇조 개의 원자들이 어떤 식으로든 여러분을 탄생시키기 위해서 복잡하고 필연적인 방법으로 모여들어야만 한다. 그런 배열은 너무나 특별하고 독특해서 과거에는 한 번도 존재한 적이 없었고, 앞으로도 다시 반복되지 않을 것이다. 앞으로 많은 시간 동안 (우리의 희망대로라면) 이런 작은 입자들이 여러분을 온전하게 지키고 실제로 존재하는 귀중한 삶을 경험하도록 해주기 위해서 필요한 일들을 아무 불평 없이 해낼 것이다.

여러분은 탄생의 순간부터 원자적 기적이나 마찬가지이다. 몸무게가 4 킬로그램인 아기의 몸에 400,000,000,000,000,000,000,000,000 개의 원자가 있다.

여러분을 여러분답게 만드는 것

원자들이 그런 수고를 하는 이유는 수수께끼이다. 원자들의 헌신적인 배려에도 불구하고, 여러분의 원자들은 사실 여러분을 돌보지 않는다. 실제로 원자들은 여러분이 존재한다는 사실조차 모른다. 사실 원자들은 자신들이 존재한다는 사실도 모른다. 원자들은 무심한 입자일 뿐이고, 살아 있는 것도 아니다. 그렇지만 여러분이 존재하는 한 오직 한 가지 일에만 관심을 가질 것이다. 바로 여러분을 살아 있게 만드는 일이다.

나쁜 소식도 있다…

나쁜 소식은 원자들이 변덕스럽다는 것이다. 원자들이 필요한 것보다 더 오래 함께할 것이라고 기대할 수 없다. 사람의 일생이 길다고 하더라도 65만 시간 정도이다. 그리고 운명의 순간이 다가오면 원자들은 여러분의 생을 마감한 후에 조용히 분해되어서 사라진다.
그리고 그것이 여러분에게 전부이다.

족집게로 몸에서 원자를 하나씩 떼어내면, 미세한 원자 먼지 더미가 만들어진다. 여러분을 구성하고 있는 원자들은 살아 있었던 적이 없다. 조금은 불편한 사실이다.

생명의 기적

그래도 여러분은 그런 일이 일어난 것에 감사해야 한다. 우리가 알고 있는 한, 우주의 다른 곳에서는 그런 일이 일어나지 않는다. 지구에서는 서로 달라붙어서 생명체를 만들어주는 원자들이 우주의 다른 곳에서는 그렇게 하지 않는다는 것은 정말 놀라운 일이다.

그런데 화학적으로 볼 때 생명체는 놀라울 정도로 평범하다. 탄소, 수소, 산소, 질소, 약간의 칼슘과 황, 훨씬 더 적은 양의 다른, 아주 일상적인 원소들 중에서 동네 약국에서 찾을 수 없는 것은 없다. 그것이 여러분에게 필요한 전부이다. 여러분을 구성하는 원자들에 대한 것들 중 유일하게 특별한 점은 그것이 여러분을 구성하고 있다는 사실뿐이다. 그리고 물론 그것이 **생명의 진정한 기적**이다.

원자가 없으면 물도 없고,
공기도 없고, 돌도 없고,
항성과 행성도 없고,
멀리 떨어진 가스 구름도 없고,
소용돌이치는 성운도 없다.
그래서 우리는 원자들에게
고마워해야 한다.

9

대폭발의 희미한 메아리

때는 1964년이었고, 두 명의 미국 과학자 아노 펜지어스와 로버트 윌슨은 미국 뉴저지 주에 있는
벨 연구소의 대형 통신용 안테나를 활용할 방법을 찾고 있었다. 그러나 계속되는 배경 잡음이
문제였다. 수증기가 새는 것 같은 잡음이 계속 들려와서 어떤 실험도 할 수 없었다.
잡음은 모든 방향에서, 밤과 낮, 계절에 상관없이 지속되었다.

잡음 대청소!

젊은 천문학자들은 몇 년 동안 잡음의 원인을 찾아내서 제거하려고 온갖
노력을 기울였다. 모든 전기 회로를 점검했다. 기기를 새로 만들고, 회로를
점검하고, 배선을 흔들어보고, 플러그를 청소했다. 접시 안테나에 올라가서
이음새와 나사 못마다 절연 테이프를 붙여보기도 했다. 심지어 빗자루를
들고 올라가서 안테나를 쓸어내기도 했다. 훗날 논문에서는 '흰색의 유전
(誘電) 물질'이라는 점잖은 표현을 썼지만, 사실은 안테나에 붙어 있던
새똥을 치웠던 것이다.

한편, 바로 길 건너에서는…

두 사람은 잘 몰랐지만, 당시 그곳에서 50킬로미터 떨어진 프린스턴 대학교의 과학자들은 몇 년 전에 조지 가모브라는 천체물리학자가 제안했던 문제와 씨름하고 있었다. 우주 공간 깊은 곳을 살펴보면 대폭발에서 남겨진 우주 배경 복사를 찾아낼 수 있다는 것이었다. 가모브는 그런 복사가 광대한 우주 공간을 가로질러 지구에 도달하면 마이크로 파 형태가 될 것이라고 예측했다. 심지어 그는 벨 연구소의 안테나를 사용하면 그런 신호를 찾아낼 수 있을 것이라고 제안하기도 했다.

아득한 옛날의 빛

펜지어스와 윌슨을 괴롭히던 잡음은 사실 가모브가 예상했던 잡음이었다. 두 사람은 우주의 경계를 발견했던 것이다. 적어도 1,500억조 킬로미터나 떨어진 곳까지 펼쳐져 있는, 보이는 부분을 확인한 것이었다. 그들은 가모브가 예측했듯이 우주에서 가장 오래된 최초의 광자를 마이크로 파의 형태로 '본' 셈이었다.

대폭발에 주파수 맞추기

더욱이 우주 배경 복사에 의한 교란은 우리도 경험하고 있다. 텔레비전 방송이 없는 채널에서 화면에 보이는 물결치는 듯한 무늬의 약 1퍼센트는 대폭발의 흔적 때문에 생기는 것이다. 텔레비전에 아무것도 나오지 않는다고 불평할 때마다 우주의 탄생을 지켜볼 수 있다는 사실을 기억해야 한다.

우주 들여다보기

뉴욕에 있는 엠파이어스테이트 빌딩의 로비에서 위를 올려다보듯이 우주의 깊이를 올려다본다고 생각해보자.

윌슨과 펜지어스의 발견이 이루어지던 순간에 사람들이 본 은하 중에서 가장 멀리 있는 은하는 대략 40층 높이에 있는 셈이다. 가장 멀리 있는 퀘이사는 대략 80층 높이에 해당한다.

이제 눈에 보이는 우주의 경계는 가장 꼭대기 층의 천장에서 1센티미터 정도 떨어진 곳에 해당한다. 갑자기 과학자들은 엄청나게 많은 것을 보고 이해할 수 있게 되었다.

보이는 대폭발

보이는 퀘이사

보이는 은하

우주의 끝까지

우리는 누구라도 한 번쯤 이런 의문을 가지게 된다. 정말 우주의 끝까지 가서
머리를 내밀면 어떻게 될까? 내 머리가 더 이상 우주에 있는 것이 아니라면
어디에 있는 것일까?

무슨 끝?

그 대답은 실망스럽게도 우리는 절대 우주의 끝까지 갈 수가 없다는 것이다.
거기까지 가려면 너무 오랜 시간이 걸릴 뿐만 아니라, 우리가 직선을 따라
무한히 여행을 하더라도 바깥쪽 경계까지는 절대 도달할 수가 없다. 우리는
처음 출발했던 곳으로 되돌아오게 된다. 우주는 우리가 상상할 수 없는
방법으로 휘어져 있기 때문이다. 우리는 크고, 끊임없이 팽창하는 방울 속에
떠 있는 것이 아니다. 오히려 공간은 실제로 가장자리나 경계가 있을 수
없으면서 동시에 유한할 수 있는 방법으로 휘어져 있다.

> 보이는 우주의 지름은 1조조
> (1,000,000,000,000,000,000,
> 000,000) 마일이나 된다.

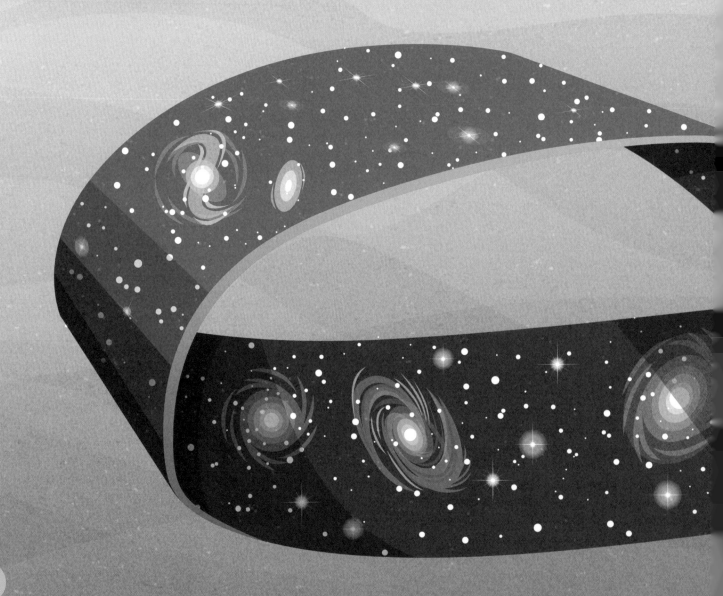

편평한 땅에서 온 사람

휘어진 공간을 설명하기 위해서 모든 표면이 편평한 우주에 살고 있어서 공을 본 적이 없는 사람이 지구를 찾아왔다고 생각해보자. 그 사람은 지구의 표면에서 아무리 멀리 걸어가도 끝에 도달하지 못하고 처음 출발했던 곳으로 되돌아오게 된다. 그리고는 어떻게 그렇게 되었는지를 몰라서 매우 당황할 것이다.

그렇다면 우리는 어디에 있을까?

글쎄. 우주에서 우리는 편평한 땅에서 온 사람과 마찬가지이다. 다만 우리는 더 골치 아픈 문제에 매달리고 있다는 것이 다르다. 도대체 **우리는** 어디에 있을까? 우주의 끝을 찾을 수 없는 것과 마찬가지로 우리가 발을 딛고 서서 '이곳에서 모든 것이 시작되었다. 이곳이 바로 모든 것의 중심이다'라고 말할 수 있는 곳도 없다. 우리가 모든 것의 중심이라고 생각하는 것이 멋있을 수도 있고, 실제로 그럴 수도 있겠지만, 과학자들은 그런 사실을 수학적으로 증명할 수 없다.

그런 사실은 실제로 놀랍지 않다. 어쨌든 우주는 거대한 곳이다. 우리의 입장에서 우주는, 우주가 만들어지고 나서 수십억 년 동안 빛이 도달할 수 있는 거리까지이다. 그러나 대부분의 이론에 따르면, 우주는 그보다 훨씬 더 크다. 훨씬 더 크고, 볼 수조차 없는 우주 끝까지의 거리를 광년(光年)으로 나타내면 0을 수십 개, 수백 개가 아니라 수백만 개를 써야 할지도 모른다.

한 시간에 5킬로미터씩 쉬지 않고 1년 동안을 걸으면 대략 지구 한 바퀴에 해당하는 4만3,800킬로미터를 걷게 된다. 한 시간에 1,079,252,849 킬로미터를 움직이는 빛은 같은 시간 동안 지구 둘레의 2억2,000만 배나 되는 9조 킬로미터 이상을 움직인다.

이제 우주선에 올라타서 거대한 우주를 우리 스스로 살펴보자.

우주로 떠나는 여행

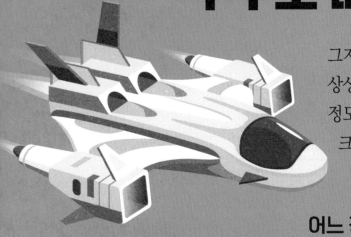

그저 재미로 우리가 우주선을 타고 여행을 떠난다고 상상해보자. 기껏해야 우리 태양계의 끝까지 갈 수 있을 정도인 우리가 더 멀리 갈 수도 없겠지만, 우주가 얼마나 크고 그중에서 우리가 차지하는 공간이 얼마나 작은지를 알아야 할 필요가 있다.

교실에 걸려 있는 대부분의 그림에는 행성들이 서로 아주 가까이 있는 것처럼 그려져 있다. 모든 행성을 한 장의 종이에 그리기 위한 속임수일 뿐이다.

태양계는 태양과 8개의 행성과, 그들의 위성과 명왕성을 포함한 3개의 왜행성과 그들의 위성 4개, 수십억 개의 소행성, 혜성, 운석, 그리고 성간 먼지로 구성되어 있다.

어느 정도의 속력이 필요하다

빛의 속도로 가더라도 왜행성인 명왕성까지는 7시간이 걸린다. 그러나 우리는 물론 그런 속도와 비슷한 속도로도 여행할 수가 없다. 우리는 우주선의 속도로 갈 수밖에 없고, 우주선은 훨씬 느리다. 인간이 만든 물체 중에서 최고의 속력을 기록한 것은 보이저 1호와 2호 우주선으로 지금 현재 시속 약 3만 5,000킬로미터로 우리에게서 멀어지고 있다.

우주는, 우주다!

이제 여러분은 먼저 우주라는 이름이 정말 적절한 것이고, 창문 밖에서는 거의 아무 일도 일어나지 않는다는 사실을 깨닫게 될 것이다.

여러분이 지금까지 본 태양계의 지도는 모두 비례 관계가 엉터리로 그려진 것이다.

사실 행성들 사이의 거리는 그렇게 나타낼 수가 없다.

갈 길도 찾지 못하고

수조 킬로미터 안에서는 우리 태양계가 가장 활발한 곳이겠지만, 그 안에 있는 태양, 행성과 위성, 소행성대에 있는 수십억 개의 요동치는 암석들, 혜성과 다른 조각과 떠다니는 먼지처럼 눈에 보이는 것은 공간의 1조분의 1도 채우지 못한다.

그리고 계속해서…

우리가 명왕성에 도달할 정도가 되면 태양은 바늘귀 정도의 크기로 줄어든다. 그저 희미하게 빛나는 별일 뿐이다. 명왕성을 지나가면서도 끝날 가능성이 없다는 사실을 알게 될 것이다. 여행 계획서를 살펴보면, 이 여행은 우리 태양계의 끝까지 가는 것인데 아직도 우리는 갈 길이 멀다. 교실의 그림에서는 명왕성이 마지막인 것처럼 보이지만, 태양계는 거기서 끝나지 않는다. 아직 가장자리에 가까이 가지도 못했다.

혜성들이 떠다니는 광활한 공간인 오르트 구름을 뚫고 지나가기 전까지는 태양계의 끝에 도달한 것이 아니다. 미안하지만 오르트 구름에 도달하려면 아직도 1만 년을 더 가야 한다. 안타깝게도 우리는 저녁 식사 시간에 맞춰 집으로 돌아올 수 없다는 나쁜 소식을 전해줄 수밖에 없다.

이 그림이 지금까지 본 그림들 중에서 가장 한심한 것처럼 보이겠지만, 보이저 1호가 16억 킬로미터 이상 떨어진 곳에서 찍은 지구의 사진이다.

> 명왕성은 교실에 걸려 있는 지도에 나온 것처럼 태양계의 끝이 아니라, 끝에서부터 겨우 5,000분의 1에 해당하는 곳에 있다.

교과서에 여러 페이지를 펼칠 수 있는 면을 넣거나 정말 긴 포스터 종이를 사용해도 비슷하게 흉내를 낼 수도 없다.

다음에 오는 목성까지의 거리는 300미터(빼기 이 페이지의 크기)나 된다.

명왕성 찾기

오늘날 천문학자들은 정말 놀라운 일을 할 수 있다. 달의 표면에서 누군가가 성냥불을 켜면 그 불빛을 찾아낼 수 있다. 또한 아주 먼 곳에 있는 별들의 흔들림과 반짝임을 관찰해서, 눈으로 볼 수도 없을 정도로 멀리 떨어진 행성이라도 그 크기와 특성을 알아낼 수 있다. 사실 우리가 우주선을 타고 간다면 50만 년이나 걸릴 정도로 먼 곳에 있는 행성들도 말이다.

천문학자들이 전파망원경으로 관찰하는 빛은 너무나도 희미해서 태양계 바깥에서 도달하는 빛의 에너지를 모두 합쳐도 눈송이 하나가 땅에 떨어질 때의 에너지보다 적다.

간단히 말해서, 우주에서는 천문학자들이 마음만 먹으면 찾아내지 못할 것은 그렇게 많지 않다. 그렇기 때문에 1978년까지 아무도 명왕성에 위성이 있다는 사실을 몰랐다는 사실이 더욱 믿기 어렵다.

그해 여름에 미국 애리조나의 로웰 천문대에서 일하던 제임스 크리스티라는 젊은 천문학자가 평소처럼 명왕성의 사진들을 살펴보고 있었다. 그는 사진에서 어쩌면 위성일 수도 있는 희미한 무엇인가가 있다는 사실을 발견했다. 그런데 그것은 단순한 위성이 아니었다. 태양계에서 가장 큰 위성이었다. 그때까지는 위성이 차지하고 있는 공간과 명왕성이 차지하는 공간이 같다고 생각했기 때문에, 그 사실은 명왕성이 생각했던 것보다 훨씬 작다는, 심지어 수성보다도 더 작다는 뜻이었다. 실제로 우리 태양계에는 달을 포함해서 명왕성보다 큰 위성이 7개나 된다.

그렇다면 우리 태양계 안에 있는 위성을 찾아내기까지 왜 그렇게 오랜 세월이 걸렸을까? 천문학자들이 사용하는 망원경은 하늘의 아주 작은 부분만을 향하고 있기 때문이라는 것이 그 답이다. 대부분의 천문학자들은 퀘이사, 블랙홀, 멀리 떨어진 은하들을 찾으려고 애쓴다.

명왕성도 행성인가?

1930년에 명왕성을 처음 발견한 사람은 미국의 천문학자 클라이드 톰보였다. 톰보는 새로 발견한 행성이 아주 작다는 사실을 알아차릴 수 있었고, 그의 발견은 기적과도 같았다. 지금까지도 그것이 얼마나 크고, 무엇으로 구성되어 있고, 대기가 어떤 종류인지, 아니면 실제로 대기가 있는지는 아무도 모른다.

명왕성이 실제로 행성인지, 아니면 은하의 잔해들이 남아 있는 카이퍼 띠라고 알려진 곳에 있는 비교적 큰 덩어리인지에 대해서 많은 천문학자들이 의문을 제기했다. (카이퍼 띠는 우리 태양계의 일부로 가장 유명한 핼리 혜성처럼 비교적 규칙적으로 우리를 찾아오는 단주기 혜성들이 있는 곳이다.)

클럽에서 쫓겨나다

결국 명왕성은 2006년에 투표를 통해서 행성 연맹에서 쫓겨났다. 명왕성은 여러 가지 이유로 '행성'의 이름표를 지키지 못했다. 새로운 규정에 따라 명왕성은 '왜행성'으로 분류된다. 그러나 70년 이상 행성으로 여겨졌고, NASA의 우주선 뉴호라이즌스 호가 2015년 7월부터 2016년 10월까지 명왕성 근처를 지나면서 엄청난 양의 정보를 수집했기 때문에 명왕성이 우리의 기억에서 사라지지는 않을 것이다. 결국 우리 태양계는 암석으로 된 4개의 내행성과 가스로 된 4개의 거대한 외행성을 합쳐 모두 8개의 행성으로 구성되었다.

그러나 사정이 다시 달라질 수도 있다. 천문학자들은 지금까지 소명왕성이라고 부르는 천체를 600개 이상 찾아냈다. 그중 바루나는 명왕성의 위성만큼 크다. 오늘날 천문학자들은 그런 천체가 수십억 개 있으리라고 믿고 있다. 문제는 그 천체들이 대부분 끔찍하게 어둡고, 60억 킬로미터나 떨어져 있다는 것이다.

기울어진 궤도

명왕성이 다른 행성처럼 움직이지 않는 것은 분명한 사실이다. 작고 흐릿하지만 그 움직임의 변화가 너무 심해서 아무도 100년 후에 그것이 어디에 있게 될지를 예측할 수 없다. 다른 행성들의 궤도가 대체로 같은 평면에 있는 것과는 달리 명왕성의 궤도는 비스듬히 쓴 모자의 챙처럼 17도 정도 기울어져 있다.

행성에 대한 새로운 규정

- 행성은 태양 주위를 독립적으로 공전해야 한다.
- 자체 중력에 의해서 대체로 공 모양을 유지할 수 있을 정도의 질량을 가지고 있어야 한다.
- 궤도를 지배해야 한다. 다시 말해서, 궤도에 있는 다른 어떤 것보다 훨씬 더 큰 질량을 가지고 있어야 한다.

명왕성은 정말 작다. 크기는 지구의 6분의 1이고, 질량은 지구 질량의 0.25퍼센트에 지나지 않는다.

여행의 끝자락

불행하게도 우리가 태양계 안에서 여행할 수 있는 가능성은 없다. 38만6,000킬로미터 떨어진 달까지 가는 것도 엄청난 모험이다. 우리는 허블 망원경을 이용하더라도 명왕성 너머에서부터 우주의 속으로 펼쳐져 있는 오르트 구름을 볼 수가 없다.

우리가 지금까지 알아낸 정보에 따르면, 인간 중 어느 누구도 태양계의 가장자리까지 갈 가능성은 전혀 없다. 그러나 만약 우리가 태양계의 끝에 가게 된다면, 우리의 태양은 멀리서 반짝이는 작은 별이 되고, 심지어 하늘에서 가장 밝은 별로 보이지도 않을 것이다.

이제 여러분은 명왕성의 위성처럼 태양계에서 무시할 수 없는 천체까지도 어떻게 우리의 관심에서 벗어날 수 있는지를 이해하기 시작했을 것이다. 보이저 탐사가 시작될 때만 해도 우리는 해왕성의 위성이 2개라고 믿었다. 그런데 보이저가 6개의 위성을 더 찾아냈다! 2000년까지도 우리는 태양계에 90개의 위성이 있다고 생각했다. 오늘날에는 그 수가 적어도 194개로 늘어났다.

우주 여행은 여전히 위험하고 많은 비용이 든다. 지금도 무인 착륙선으로부터 정보를 수집하고 있는 화성에 유인 우주선을 보내자는 제안이 여러 차례 있었다. 달에 기지를 건설한 후에 그곳에서 사람을 화성으로 보내자는 제안도 있다.

보이저 1호는 로봇 우주 탐사선이다.
1977년에 발사된 보이저 1호는
목성과 토성을 지나갔고, 태양계
외부와 그 너머까지 여행을
계속하면서 지구로 자료를 보내오고
있다. 과학자들은 대략 2025년까지
보이저 1호와 연락을 계속할 수 있을
것으로 기대하고 있다.

그래서 앞으로 예측할 수 있는
미래에는 우리가 원하는 만큼
멀리까지 탐사할 수는 없을
것이다. 그러나 저 바깥에 있는
어떤 존재가 우리를 탐사할 수
있게 된다면 어떨까?

외계인이 있을까?

태양계 너머에는 또 어떤 것들이 있을까? 글쎄, 어떻게
보느냐에 따라 아무것도 없기도 하고, 엄청나게 많은
것이 있기도 하다.

우주선으로 프록시마
켄타우루스에 도달하려면
적어도 2만5,000년이 걸릴
것이고, 만약 여러분이 그곳에
가더라도 여러분은 여전히
아무것도 없는 광활한 곳의
중앙에 있는 외로운 항성들 중
하나에 도달했을 뿐이다.

아무것도 없는 곳이 엄청나게 많다

아무것도 없다는 것은 별들 사이의 공간이 비어 있다는 뜻이다. 다음 무엇에
도달하기까지는 아무것도 없는 그런 상태가 계속된다. 우리에게 가장 가까운
프록시마 켄타우루스는 달까지의 거리보다 1억 배나 더 멀다. 항성들을
징검다리 삼아 우주를 돌아다니려면 정말 멀리 가야 한다. 우리 은하의
중심까지 도달하려면 우리가 존재한 시간보다 더 오랜 세월이 걸릴 것이다.

모든 것이 가능하다

우주는 거대하다. 별들 사이의 평균 거리는 30조 킬로미터가 넘는다.
물론 외계인들이 수십억 킬로미터를 날아와서 재미로 영국 시골의
밀밭에 엄청난 크기의 원을 그리거나, 대낮에 애리조나의 한적한 길에서
트럭을 몰고 가는 불쌍한 사내를 섬뜩하게 하는 것이 '가능하더라도'
그럴 가능성은 높아 보이지 않는다. 통계적으로 우주에 지능을 가진
존재들이 존재할 확률은 상당히 높다. 그런데 우리의 은하수에 얼마나
많은 별들이 있는지는 아무도 모른다. 아마도 1,000억~4,000억 개
정도로 추정하고 있다. 그리고 은하수는 1,400억 개 정도의 은하들
중 하나일 뿐이다. 은하들 중에는 우리 은하수보다 큰 것도 많다.

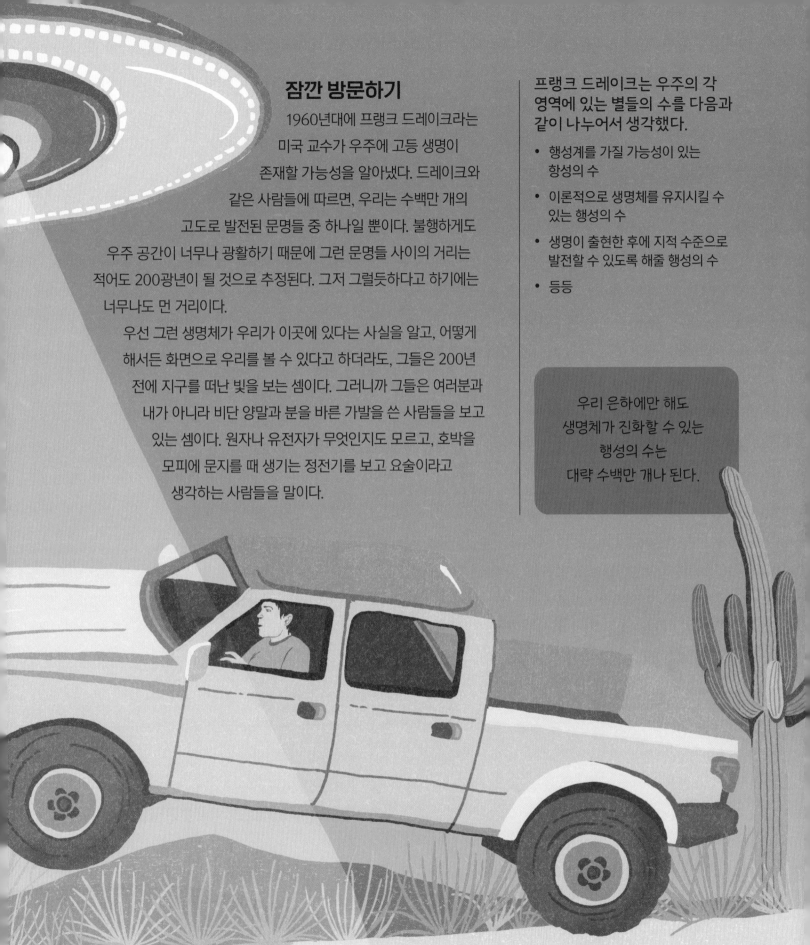

잠깐 방문하기

1960년대에 프랭크 드레이크라는 미국 교수가 우주에 고등 생명이 존재할 가능성을 알아냈다. 드레이크와 같은 사람들에 따르면, 우리는 수백만 개의 고도로 발전된 문명들 중 하나일 뿐이다. 불행하게도 우주 공간이 너무나 광활하기 때문에 그런 문명들 사이의 거리는 적어도 200광년이 될 것으로 추정된다. 그저 그럴듯하다고 하기에는 너무나도 먼 거리이다.

우선 그런 생명체가 우리가 이곳에 있다는 사실을 알고, 어떻게 해서든 화면으로 우리를 볼 수 있다고 하더라도, 그들은 200년 전에 지구를 떠난 빛을 보는 셈이다. 그러니까 그들은 여러분과 내가 아니라 비단 양말과 분을 바른 가발을 쓴 사람들을 보고 있는 셈이다. 원자나 유전자가 무엇인지도 모르고, 호박을 모피에 문지를 때 생기는 정전기를 보고 요술이라고 생각하는 사람들을 말이다.

프랭크 드레이크는 우주의 각 영역에 있는 별들의 수를 다음과 같이 나누어서 생각했다.

- 행성계를 가질 가능성이 있는 항성의 수
- 이론적으로 생명체를 유지시킬 수 있는 행성의 수
- 생명이 출현한 후에 지적 수준으로 발전할 수 있도록 해줄 행성의 수
- 등등

우리 은하에만 해도
생명체가 진화할 수 있는
행성의 수는
대략 수백만 개나 된다.

초신성 수사관

여러분에게 로버트 에번스 목사님을 소개한다.
지금은 은퇴했지만 30년 동안 하늘을 관찰했던
그의 목적은 외계인을 찾는 것이 아니었다.
그는 뛰어난 초신성 수사관이다!

하늘이 맑고, 달이 그렇게 밝지 않을 때면, 이 조용하고
쾌활한 사나이는 시드니에서 서쪽으로 약 80킬로미터
떨어진 블루 마운틴에 있는 자신의 집 뒷마당으로 커다란
망원경을 들고 나가서 정말 특별한 일을 했다. 그는 아주 먼
과거를 바라보면서 죽어가고 있는 별을 찾아냈다.

우편함을 통해서 보는 은하들

에번스가 미닫이 둥근 천장과 자동으로 움직이는 의자가 설치된
그럴듯한 천문대를 가지고 있는 것은 아니다. 부엌 옆에 책, 서류 더미와
함께 가정용 온수 탱크 정도 크기의 흰색 원통처럼 생긴 망원경을 넣어두는
창고를 갖추었을 뿐이다. 그는 지붕의 처마와 유칼리 나무 사이로 우편함
크기 정도의 하늘을 볼 수 있을 뿐이었지만, 자신에게는 충분하다고 말한다.
지구에서 맨눈으로 보면 약 6,000개의 별이 보이지만, 한 곳에서는 2,000개
정도를 볼 수 있다. 그러나 에번스는 자신의 16인치 망원경을 이용해서 전체
은하들을 볼 수 있다. 전체적으로 그는 5만 개에서 10만 개 사이의 은하를 볼 수
수 있었고, 하나의 은하에는 수백억 개의 별들이 들어 있다.

알갱이 찾기

에번스가 얼마나 대단한지를 이해하기 위해서 1,500개의 식탁으로 채워진
식당을 생각해보자. 검은 식탁보가 덮여 있는 식탁마다 한 줌의 소금이
뿌려져 있다. 그렇게 흩어진 소금 알갱이가 하나의 은하에 해당한다. 이제
그중 한 식탁에 소금 알갱이 하나를 더 얹어놓는다. 그는 단 번에 그 소금
알갱이를 찾아낸다. 그런 식으로 그는 '따돌림당한' 바로 그 알갱이인
자신의 초신성을 찾아낸다!

초신성 찾기

과거를 들여다보기는 쉽다. 그저 밤하늘을 올려다보기만 하면 여러분의 눈앞에 엄청나게 많은 역사가 펼쳐진다. 여러분이 보는 것은 지금 현재 그곳에 있는 별이 아니라 별빛이 그곳을 떠날 때 있던 별이다. 우리가 볼 수 있는 밝은 별은 오래 전에 타서 없어졌지만, 그 소식이 아직 우리에게 전해지지 않았을 수도 있다. 별들은 언제나 죽어간다. 에번스는 꺼져가는 마지막 순간의 별을 찾아내려고 애를 쓴다. 그가 이 일을 시작하기 전이던 1980년까지 발견된 초신성은 60개가 되지 않았다. 그런데 에번스는 2018년까지 42개를 더 찾아냈다.

프리츠 츠비키 – 슈퍼스타 천문학자

'초신성(supernova)'이라는 말은 1930년대에 프리츠 츠비키가 만든 것이다. 츠비키는 하늘에 가끔씩 나타나는 새로운 별에 관심을 가지고 있었다. 그런데 별이 수축되면 그 별의 중심을 형성했던 원자들이 서로 압착되고, 전자들까지 억지로 원자핵 속에 밀려들어가서 중성자가 된다. 그런 별을 중성자 별이라고 부른다.

묵직한 포탄 100만 개를 조약돌 정도의 크기로 압축하는 경우를 상상해보자. 그렇게 해도 아직 가까이 가지도 못했다. 중성자 별의 중심은 밀도가 너무나 높아서, 한 숟가락의 무게가 5,000억 킬로그램이나 된다. 한 숟가락이 말이다! 그러나 그뿐만이 아니다. 츠비키는 그런 별이 수축된 후에는 가장 큰 폭발을 일으킬 정도로 엄청난 양의 에너지가 쏟아져나온다는 사실을 알아냈다.

그는 그런 폭발을 '초신성'이라고 불렀다.

만약 가까운 곳에서 별이 폭발하면 어떻게 될까?

우리에게 가장 가까운 별은 4.3광년의 거리에 있는 알파 켄타우로스이다. 만약 그 별이 폭발하면, 우리는 4.3년이 지난 후에야 하늘에서 마치 거대한 통이 터지는 것 같은 폭발을 보게 될까? 그런 폭발이 마침내 우리에게까지 밀어닥치면, 곧바로 우리의 살점이 전부 타버릴 것이라는 사실을 알면서, 종말이 가까워지는 것을 4년 이상이나 바라만 보고 있어야 할까?

그렇지 않다!

그런 사건의 소식은 빛의 속도로 전달되고, 파괴력도 마찬가지이다. 결국 우리가 그것을 보는 순간, 곧바로 우리는 그 폭발 때문에 죽게 된다.

그렇다고 걱정할 필요는 없다. 그런 일은 일어나지 않을 것이다.

초신성이 생기려면 별이 우리 태양보다 10–20배나 더 무거워야 한다. 가장 가까이 있는 후보는 우리에게서 너무 멀리 떨어져 있는 오리온 자리의 베텔기우스이다. 그러니 안심해도 된다!

> 초신성 폭발은 지극히 드물다. 1,000억 개의 별들로 이루어진 전형적인 은하에서는 평균 200년이나 300년에 한 번씩 일어날 뿐이다.

다시 지구에서

1700년대 초, 사람들은 지구를 이해하고 싶다는 강한 열망에 휩싸여 있었다. 두 위대한 과학자들이 몇 가지 중요한 의문을 해결하는 실마리를 찾아내기 시작했다.

훌륭한 발명가이면서 과학자가…

영국의 천문학자 에드먼드 핼리는 뛰어난 인물이었다. 핼리는 선장, 지도 제작자, 옥스퍼드 대학교의 기하학 교수, 왕립 조폐국의 부감사관, 왕립 천문대장, 심해 잠수정 개발자를 비롯한 다양한 경력을 가지고 있었다. 자기학(磁氣學), 파도, 행성의 움직임에 대한 논문을 발표하기도 했다. 그는 기상도와 보험 통계표를 처음으로 만들었고, 지구의 나이와 태양으로부터의 거리를 알아내는 방법을 제안했으며, 심지어 생선을 싱싱하게 저장하는 방법을 고안하기도 했다.

…천재를 만나다

1683년에 핼리와 건축가인 크리스토퍼 렌 경은 동료들과 함께 저녁 식사를 하던 중에 우주에서 행성과 다른 천체들이 움직이는 방법에 대해서 이야기를 나누었다. 행성들이 타원이라고 부르는 일그러진 궤도를 따라 움직인다는 사실은 알려져 있었지만, 그 이유는 알 수가 없었다. 렌은 자신의 동료들 중 누구라도 그 답을 알아내면 (2주일 동안의 수당에 해당하는) 40실링의 상금을 주겠다고 약속했다.

상금이 탐이 났던 핼리는 케임브리지 대학교로 가서, 과감하게 그곳의 수학 교수였던 아이작 뉴턴에게 도움을 청했다. 뉴턴은 곧바로 자신이 답을 알고 있다고 대답했다. 그러나 핼리는 상금을 받을 수 없었다. 뉴턴이 실제로 「프린키피아」라고 알려진 3권으로 된 책 「자연철학의 수학적 원리」에서 자신이 알아낸 사실을 밝힌 것은 그로부터 2년이 지난 후였기 때문이다.

사실 핼리가 자신의 이름이 붙은 혜성을 발견하지는 않았다. 다만 그는 자신이 1682년에 보았던 혜성이 1456년, 1531년, 1607년에 다른 사람들이 보았던 혜성과 같은 것이라는 사실을 알아냈을 뿐이다.

이상한 친구의 긴 바늘!

아이작 뉴턴은 정말 이상한 인물이었다. 상상할 수 없을 정도로 총명했지만, 혼자 있기를 좋아했고, 아무것에도 흥미를 느끼지 못했으며, 편집증에 가까울 정도로 과민했고, 놀라울 정도로 이상한 행동을 하기도 했다. 한번은 가죽을 꿰맬 때 쓰는 긴 바늘을 자신의 눈에 찔러넣고 무슨 일이 생기는지를 보기 위해서 이리저리 돌려보기도 했다. 아무 일도 일어나지 않은 것은 기적이었다. 적어도 지속적인 후유증은 남지 않았다.

제대로 맞추기

그는 자신의 이론으로 순식간에 유명인사가 되었다. 「프린키피아」는 '역사상 가장 읽기 어려운 책들 중 한 권'이라고 알려져 있지만, 그 내용을 이해할 수 있는 사람들에게는 등대와도 같은 책이었다. 무엇보다도 그 책은 행성이나 혜성과 같은 천체들의 궤도는 물론이고, 처음부터 그런 것들을 움직이도록 만드는 인력인 중력에 관해서 설명해주었다. 여러분이 어디를 가든 몇 번의 간단한 곱하기와 한 번의 나누기만 하면 중력의 크기를 알아낼 수 있다.

뉴턴의 식은 최초의 진정한 보편적인 자연법칙이었다. 갑자기 우주의 모든 움직임을 이해할 수 있게 되었다. 조류(潮流)와 행성의 움직임, 포탄이 지면에 떨어지기까지 곡선을 따라 날아가는 이유, 시속 수백 킬로미터의 속도로 돌고 있는 지구 위에 서 있는 우리가 우주로 튕겨져 나가지 않는 이유가 모두 밝혀졌다.

결국 뉴턴은 자신이 중력에 대한 보편법칙이라고 부르던 것을 찾아냈다. 그의 법칙에 따르면, 우주의 모든 물체는 다른 것들을 끌어당긴다. 그렇게 보이지 않을 수도 있겠지만 이곳에 앉아 있는 여러분도 자신의 아주 약한 중력장을 통해서 벽, 천장, 램프, 고양이를 끌어당긴다. 그리고 다른 것들도 여러분을 끌어당긴다.

뉴턴 이론의 핵심에는 세 가지 운동법칙이 있다.

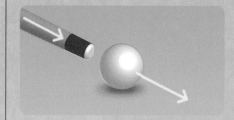

1. 물체는 미는 방향으로 움직인다.

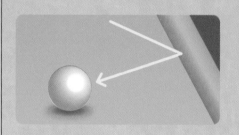

2. 물체는 다른 힘이 작용해서 속력과 방향이 바뀔 때까지는 일정한 속력으로 직선을 따라 움직인다.

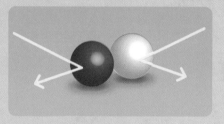

3. 모든 작용에는 크기가 같고 방향이 반대인 반작용이 있다.

한편, 뉴턴이 자신의 이론을 완성하기 훨씬 전부터 수많은 과학자들은 지구의 크기를 알아내려고 애를 *써왔다.*

지구를 측정하기

지리학자들은 반세기에 걸쳐서 삼각측량법이라는 방법을 사용했다. 그들은 무거운 사슬로 두 지점 사이의 거리를 측정하는 허리가 휘어지는 수고와 수학을 결합시키는 일을 해냈다.

작동 원리

삼각측량법은 삼각형의 한 변의 길이와 두 개의 각도를 알면, 가만히 앉아서 다른 변의 길이를 알아낼 수 있다는 기하학적인 원리를 근거로 한 것이다. 예를 들면, 여러분과 내가 달까지의 거리를 알아내고 싶어한다고 하자. 우선 우리는 둘 사이에 어느 정도의 거리를 두어야 한다. 논의를 위해서 여러분은 파리에 있고, 나는 모스크바로 가서 동시에 우리가 함께 달을 쳐다본다고 하자.

- 여러분과 나, 그리고 달을 연결하는 직선을 그리면 삼각형이 된다.
- 삼각형의 한 변이 되는, 여러분과 나 사이에 만들어지는 직선의 거리와 두 꼭짓점에서의 각도를 측정한다.
- 삼각형의 내각을 합하면 언제나 180도가 되기 때문에, 두 개의 내각을 알면 세 번째 내각은 곧바로 계산할 수 있다. 삼각형의 모양과 한 변의 길이를 알고 있으면 나머지 변의 길이도 알아낼 수 있다.

삼각측량법은 기원전 150년에 니케아의 천문학자 히파르코스가 지구에서 달까지의 거리를 측정하기 위해서 사용한 방법이었다.

각도

기준선 측정

쇠사슬

수평 거리를 측정하려면 줄을 팽팽하게 당겨야만 한다. 덥거나 추우면 줄이 늘어나거나 줄어들기 때문이다. 측정 기구의 수평을 유지하는 것도 중요하다.

런던에서 요크까지

삼각측량법을 이용해서 런던에서 요크까지의 거리를 측정하려고 처음 시도했던 사람은 리처드 노우드라는 영국의 젊은 수학자였다. 평소 삼각함수와 각도에 관심이 많았던 노우드는 삼각측량법으로 지구의 자오선 1도 사이의 거리를 측정해서 행성의 전체 둘레를 계산하려고 했다.

1633년에 런던 탑에 등을 댄 곳에서 시작한 그가 북쪽으로 330킬로미터 떨어진 요크까지 줄을 늘어뜨리고 길이를 재는 일을 반복하면서 걸어가는 데는 2년이 걸렸다. 물론 지표면의 굴곡과 길의 굽은 정도까지 아주 정밀하게 보정했다. 마지막에는 런던에서 처음 출발했던 날과 같은 날, 같은 시각에 요크에서 태양을 바라보는 각도를 측정했다. 노우드의 측정 오차는 457미터 정도였던 것으로 밝혀졌다.

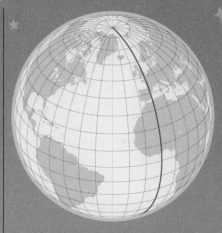

자오선은 무엇일까?

자오선은 지구의 북극과 남극을 연결한 남북선으로 천문학자들이 측정에 사용하던 것이다. 영국의 그리니치를 지나는 자오선이 경도 0도가 된다. 지구상의 모든 위치는 이 선에서 동쪽이나 서쪽으로 떨어진 각도로 나타낸다.

불행하게도 지구의 크기를 측정하는 일은 점점 더 복잡해지고 있었다….

각도

부풀어오른 지구

뉴턴의 「프린키피아」에서 예측한 뜻밖의 사실 중의 하나가
곧바로 논란의 대상이 되었다. 지구가 정확하게 둥글지 않을
수도 있다는 예측이 바로 그것이었다.

불룩해진 뱃살

뉴턴의 이론에 따르면, 지구의 자전에 의한 원심력
때문에 극지방은 조금 편평해지고, 적도 지방은 조금
부풀어올라서 행성이 약간 찌그러져야 한다.

자오선 사이의 거리가 극지방에서 멀어질수록
짧아져야 한다는 뜻이다. 지구가 완벽한
공 모양이라는 가정을 근거로 크기를 측정하던
사람들에게는 반갑지 않은 소식이었다.

여러분도 돌고 있다

여러분의 자전 속도는 여러분의 위치에
따라 달라진다. 지구의 자전 속도는 적도
지방에서는 시속 1,700킬로미터 정도
이고, 극지방에서는 0이다. 런던에서는
그 속도가 시속 1,046킬로미터이다.

지구가 부풀어오른 모습을 보여주는 이 사진은
2011년 유럽 우주국의 인공위성 GOCE(중력장과
정상상태 해류 탐사선)가 찍은 것이다. 이것은
지구가 중력과 자전의 영향만 받아서 밀물과 썰물,
그리고 해류가 없을 경우의 모습이다.

지구의 모양

지난 10년 동안 인공위성에서 찍은 자료에 따르면, 지구의 적도 부근이 부풀어오른 정도는 점점 더 커지고 있다. 그것은 지구 중력장의 변화와 관련된다.

과학자들은 바다가 그 이유일 수 있다고 믿는다. 기후 변화 때문에 넓은 지역의 빙하가 녹으면서 바다가 차가운 물로 채워지고 있다. 특히 남극 대륙 부근과 태평양과 인도양에서 그런 일이 일어나고 있다.

결국 지구는 축구 공보다는 럭비 공에 더 가까운 모양으로 변하고 있다. 그런 변화가 수만 년에 걸쳐서 일어나고 있었지만, NASA의 정교한 인공위성 덕분에 이제야 그런 변화를 추적할 수 있게 되었다.

1700년대 초에 뉴턴의 부풀어오른 지구 이론은 그의 이론을 믿는 사람은 물론이고, 믿지 않는 사람들까지도 행성 전체에서 지구를 측정하려는 노력을 다시 시작하도록 만들었다.

얼마나 불룩할까?

지금까지 이루어진 과학 탐사 작업 중에서 가장 불쾌하고 비우호적인 사례가 바로 1735년 프랑스의 페루 탐사였다. 수학자 피에르 부게르와 군인 출신의 탐험가 샤를 마리 드 라 콩다민이 이끌었던 탐사대는 안데스 지역에서의 거리 측정에 참여할 과학자들과 탐험가들로 구성되었다.

둘레 문제

프랑스 탐사대의 목표는 지구 둘레에 대한 논란을 해결하는 일을 돕는 것이었다. 탐사대는 키토 부근의 야로키에서 지금의 에콰도르에 속하는 쿠엥카 바로 너머까지에 이르는 직선거리를, 대략 320킬로미터에 달하는 산악 지방을 통해서 측정하면, 자신들이 알고 싶어하는 것을 얻을 수 있으리라고 생각했다.

작업에 착수하자마자 일이 잘못되기 시작했다. 키토에서는 탐사대가 주민들을 자극했던 탓에 돌로 무장한 주민들에게 쫓겨났다. 바로 그후에는 탐사대의 의사가 여자 문제로 인한 오해로 살해되었다.

식물학자는 미쳐버렸다. 열병에 걸리거나 추락 사고로 사망한 대원들도 있었다. 탐사대에서 서열 3위였던 대원은 어린 소녀와 함께 달아났고, 아무리 설득해도 돌아오지 않았다. 라 콩다민이 정부의 허가를 받기 위해서 리마에 가 있던 8개월 동안 작업이 중단되기도 했다. 결국 그와 부게르는 서로 말도 하지 않는 사이가 되었고, 함께 일하는 것을 서로 거부했다.

지친 탐사대가 가는 곳마다 관리들은 프랑스 과학자들이 지구의 크기를 측정하려고 지구를 반 바퀴나 돌아왔다는 사실을 도무지 믿으려고 하지 않았다. 도대체 말이 안 되는 이야기였다.

안데스 높은 곳에서

거의 300년이 지난 지금도 왜 프랑스인들이 프랑스에서 측정을 하지 않았는지 궁금한 것은 사실이다. 그랬다면 안데스 탐사에서 겪었던 어려움을 겪지 않았을 것이다.

그들이 안데스를 택한 것은 적도 가까운 지역에서 측정해 그 지역의 지구가 정말 불룩하다는 사실을 확인해야만 뉴턴의 주장을 확실히 증명할 수 있기 때문이다. 산악 지방에서는 넓은 시야를 확보할 수 있으리라는 기대도 있었다. 실제로 페루의 산악 지방은 늘 구름이 끼어 탐사대는 몇 주일을 기다려야 겨우 1시간 정도 측정을 할 수 있었다. 그들은 그 지역의 노새조차 넘지 못할 정도로 지구에서 가장 접근이 힘든 산악 지방을 지나야 했다. 그 전에 산으로 가려면 걸어서 위험한 강을 건너야 했고, 정글을 헤쳐나가야 했으며, 암석으로 덮인 고지대의 황무지를 지나야 했다. 모두가 지도에도 나오지 않고, 보급품을 구할 수도 없는 지역이었다. 그러나 부게르와 라 콩다민은 정말 끈질긴 사람들이었다. 무려 9년 반 동안의 길고, 힘들고, 햇빛에 그을리는 탐사를 계속했다.

그들이 탐사를 마치기 직전에 북부 스칸디나비아에서 측정을 하던 프랑스의 두 번째 탐사대(그들 역시 나름대로 질척거리는 습지와 위험한 빙하로 고생을 했다)가 뉴턴의 예측대로 지구가 완전히 둥근 것은 아니라는 사실을 확인했다는 소식이 전해졌다.

> 적도에서의 둘레가 극지방을 연결한 둘레보다 43킬로미터 더 뚱뚱했다.

부게르와 라 콩다민은 자신들이 원하지도 않았지만, 이제는 그들이 처음 밝혀낸 것도 아닌 결과를 얻기 위해서 거의 10년을 낭비한 셈이었다. 완전히 맥이 풀린 채 탐사는 마무리되었다. 여전히 서로 말을 하지 않았던 두 사람은 해안으로 돌아와서 각자 다른 배를 타고 귀국 길에 올랐다.

금성 추적하기

지구의 몇몇 곳에서 태양 표면을 가로질러 지나가는 금성을 관찰한 후에 삼각측량법을 사용하면 지구에서 태양까지의 거리를 알아낼 수 있다고 주장한 사람은 에드먼드 핼리였다. 그 결과로부터 태양계의 다른 모든 천체까지의 거리를 측정할 수 있다.

이 사진은 금성이 태양의 표면을 지나가는 동안 일정한 간격으로 그 경로를 추적한 것이다. 전체 통과에는 겨우 3시간 정도가 걸린다.

금성 통과는 규칙적으로 일어나지 않는다. 8년 사이에 짝을 지어 두 번 통과한 후에는 한 세기 이상 일어나지 않는다.

지구의 모든 곳에서

핼리가 사망하고 거의 20년이 지난 1761년에 금성이 다시 태양을 지나갔을 때는, 과학계가 완벽한 준비를 마친 상태였다. 사실 그전의 다른 어느 때보다도 더 철저하게 준비했다. 본능적으로 시련을 견뎌내는 과학자들은 시베리아, 중국, 남아프리카, 인도네시아, 위스콘신의 숲을 비롯해서 전 세계 100여 곳으로 흩어졌다. 프랑스는 32명, 영국은 18명을 파견했으며, 스웨덴, 러시아, 이탈리아, 독일, 아일랜드를 비롯한 다른 나라에서도 관측대원을 보냈다.

비운의 탐사

이는 과학 분야에서 역사상 최초의 국제 협력사업이었지만, 거의 모든 곳에서 심각한 문제가 생겼다. 많은 관측대원들이 전쟁, 질병, 조난 등으로 목적지에 도달하지 못했다. 목적지에 도착한 사람들도 장비가 부서지거나 열대병에 걸렸다. 프랑스의 장 샤프는 몇 달에 걸쳐 정교한 장비에 주의를 기울이면서 마차와 보트와 썰매를 타고 시베리아를 헤쳐나갔다. 그러나 목적지 바로 앞에는 봄비로 엄청나게 불어난 강이 길을 막고 있었다. 지역 주민들은 하늘을 향하고 있는 그의 관측장비 때문에 재앙이 닥쳐왔다고 비난했다.

겹치는 불행

기욤 르 장티는 더욱 운이 나빴다. 인도에서의 관측을 위해서 1년 전에 프랑스를 떠났지만, 금성이 통과하는 날에도 그는 여전히 바다 위에 있었다. 출렁거리는 배 위에서는 연속적인 관측이 불가능했기 때문에 최악의 장소였던 셈이다. 그래도 르 장티는 포기하지 않고 인도에 도착해서 1769년에 다가올 다음 기회를 기다렸다. 8년이라는 긴 여유가 생긴 그는 최고급 관측대를 세우고, 장비를 점검하고 또 점검하면서 만반의 준비를 갖추었다. 두 번째 통과가 일어났던 1769년 6월 4일의 날씨는 맑았지만, 금성이 통과하기 시작하면서 태양을 가리고 있던 구름은 금성이 완전히 통과할 때까지 정확하게 3시간 14분 7초 동안 그대로 남아 있었다.

조제프 랄랑드

1761년의 금성 통과 원정대는 완전한 재앙이었지만, 1769년의 금성 통과를 관측하고 돌아온 많은 과학자들이 가져온 자료 덕분에 프랑스의 천문학자 조제프 랄랑드는 지구와 태양 사이의 평균 거리가 1억5,000만 킬로미터가 조금 넘는다는 결과를 얻을 수 있었다. 천문학자들은 19세기에 관측되었던 두 차례의 금성 통과 결과로부터 1억4,959만 킬로미터라는 숫자를 얻었다. 오늘날 우리가 알고 있는 정확한 거리는 1억4,957만 킬로미터이다.

결국 금성 통과를 성공적으로 관측한 공로는 당시에는 잘 알려져 있지 않았던 제임스 쿡이라는 상선의 선장에게 돌아갔다. 그는 타히티 섬의 천문대에서 두 번째였던 1769년의 금성 통과를 관측했다. (그런 후에 그는 오스트레일리아를 발견해서 그 땅을 영국 왕실의 영토로 만들었다.)

이 과학자들이 어렵게 측정해낸 덕분에 마침내 우주에서 지구의 위치가 결정되었다.

지구의 무게

뉴턴은 산 부근에 무거운 추를 매달아두면 지구의 중력과 함께 산의 중력 질량이 작용하기 때문에, 추가 산 쪽으로 아주 조금 기울어진다고 주장했다. 추가 기울어진 정도와 산의 무게, 정확하게는 산의 질량을 알아내면, 중력의 기본적인 값과 함께 지구의 무게 또는 질량을 계산할 수 있다.

매스켈린의 산

영국의 왕립 천문대장 네빌 매스켈린은 지구의 진짜 무게를 측정하는 뉴턴의 주장을 받아들였던 사람들 중 한 명이었다. 그는 실험을 위해서는 규칙적인 모양을 가진 산을 찾아낼 필요가 있다는 사실을 알고 있었다. 영국의 왕립학회는 그런 산을 찾아내기 위해서 영국 제도를 돌아보는 임무를 맡을 사람을 찾았다. 그 일을 맡은 사람은 천문학자이자 측량기사인 찰스 메이슨이었다. 메이슨은 중력 편향 실험을 하기에 적당한 산을 찾아냈다. 스코틀랜드에 있는 시할리온이라는 산이었다.

메이슨과 딕슨

찰스 메이슨과 그의 동료 과학자 제레마이아 딕슨은 금성 통과를 관측하기 위해서 수마트라로 출발했다. 비운의 다른 탐사대와 마찬가지로 그들도 그곳에 도착하지 못했다! 1년 후에 그들은 펜실베이니아와 메릴랜드의 경계선 분쟁을 해결하기 위해서 위험천만한 미국의 황야를 측량하려고 출발했다. 그 결과가 바로 훗날 노예주와 자유주를 구분하는 경계가 된 그 유명한 메이슨-딕슨 경계선이다.

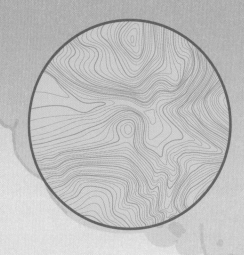

다시 매스켈린

메이슨이 자신은 너무 바빠서 측정에 참여할 수 없다고 밝혔기 때문에 그 일은 매스켈린에게 맡겨졌다. 그래서 왕립 천문대장은 스코틀랜드의 외딴 산골짜기에 텐트를 치고, 가능한 모든 지점에서 수백 번씩 측정을 반복하는 측량기사들을 지휘하면서 1774년 여름 넉 달을 지냈다.

그런 숫자들로부터 산의 질량을 알아내려면 엄청나게 지루한 계산을 해야만 했고, 그 계산은 찰스 허턴이라는 수학자에게 맡겨졌다. 측량기사들은 지도를 숫자로 가득 채웠다. 숫자는 산이나 그 근처에 있는 지점의 고도를 나타낸 것으로, 매우 혼란스러워 보였다.

찰스 허턴

허턴은 고도가 같은 점들을 연필로 연결하면 모든 것이 훨씬 정돈된 것처럼 보인다는 사실을 깨달았다. 그렇게 하면 산의 전체 모양과 경사를 쉽게 알아볼 수 있었다. 그는 등고선을 발명했던 것이다. 허턴은 자신이 알아낸 측정 방법을 이용해서 지구의 질량이 4,536조 톤임을 알아냈다.

그는 그 결과를 이용해서 태양을 비롯한 태양계에 있는 중요한 천체의 질량을 모두 알아낼 수 있었다. 그래서 그는 단 한 번의 실험으로 지구, 태양, 달, 다른 행성들과 그들의 위성들의 질량을 모두 알아냈고, 덤으로 등고선을 그리는 방법도 알아냈다. 한여름의 성과로는 그리 나쁘지 않았다.

페더급 측정

그러나 모두가 시할리온 실험에 만족했던 것은 아니었다. 산의 실제 밀도를 알아내기 전에는 정말 정확한 숫자를 얻을 수 없었다.

존 미첼

전혀 어울리지 않았지만, 그 문제에 관심을 가진 사람이 바로 존 미첼이라는 시골 목사였다. 외딴 곳에서 평범하게 살기는 했지만, 미첼은 18세기의 위대한 과학자들 중 한 사람이었다. 그는 지진이 파동의 성질을 가지고 있다는 사실을 밝혔고, 망원경을 만들었고, 놀랍게도 다른 사람보다 200년이나 앞서서 블랙홀의 존재를 알아냈다. 뉴턴조차도 하지 못했던 엄청난 도약이었다. 그러나 미첼이 남긴 업적 중에서 지구의 질량을 측정하는 장치를 고안한 것만큼 천재적이고 엄청난 영향을 남긴 것은 없었다.

미첼이 만든 장치의 원리는, 편평한 표면에 충돌해서 퉁겨지는 물체의 경로에 중력이 미치는 영향을 측정하는 것이다. 그런 측정으로부터 먼저 중력상수로 알려진 신비로운 양을 측정하고, 그것으로부터 지구의 질량을 추정할 수 있다.

헨리 캐번디시

불행하게도 존 미첼은 지구의 정확한 질량을 측정하는 실험을 마치기도 전에 사망했고, 그의 아이디어와 장비는 모두 뛰어나지만 놀라울 정도로 소심했던 헨리 캐번디시라는 런던의 과학자에게 전해졌다.

조립을 마친 미첼의 장비는 체육관에서 볼 수 있는 18세기형 체력 단련 기계와 비슷했다. 장비에는 추, 평형 추, 진자, 축, 비틀림 줄들이 장치되어 있었다. 기계의 중심에는 납으로 만든 160 킬로그램짜리 공이 있었다.

캐번디시는 귀족 가문에서 출생했다. 그의 선조는 데번셔와 켄트의 공작이었다. 그는 당시 영국에서 가장 재능 있는 과학자였지만, 가장 독특한 사람이기도 했다. 그는 너무나도 소심해서 손님을 만나지도 않았고, 심지어 하인들과도 편지를 통해서 대화했다.

정교한 측정

1797년 늦여름에 캐번디시는 존 미첼이 자신에게 남겨준 장비 상자에 주목했다. 캐번디시는 이제 새털처럼 지극히 가벼운 수준에서 중력을 측정하려고 했다. 정교함이 핵심이었다. 미첼의 장비가 설치된 방에서는 작은 속삭임조차도 허용되지 않았기 때문에 캐번디시는 옆방에 자리를 잡고 작은 구멍을 통해서 망원경으로 측정했다. 실험은 믿을 수 없을 정도로 정교했다. 17가지의 정교하고 서로 관련된 측정을 모두 마치기까지는 거의 1년이 걸렸다. 캐번디시는 지구의 질량이 60억조 톤에 해당한다고 발표했다. 흥미롭게도 이 결과는 110년 전에 뉴턴이 아무런 실험적 증거도 없이 제시했던 값과 거의 같았다.

최선의 추정

오늘날, 과학자들은 박테리아 하나의 질량도 측정할 수 있을 정도로 정교하고, 20미터 떨어진 곳에서 누가 하품을 하더라도 결과가 달라질 정도로 민감한 장비를 사용하고 있지만, 지구의 무게를 1797년 캐번디시의 측정 결과보다 훨씬 더 정확하게 개선하지는 못하고 있다.

연약한 중력

우리는 행성들을 궤도에 붙잡아주고, 낙하하는 물체가 땅에 떨어지면서 쾅 소리를 내도록 해주는 중력을 강력한 힘이라고 생각하는 경향이 있지만, 사실은 그렇지 않다. 중력은 태양과 같은 육중한 물체가 지구와 같은 다른 육중한 물체에 작용할 때처럼 일종의 집단적인 의미에서 강력한 힘을 발휘한다. 본래 중력은 지극히 약하다. 여러분이 책상에서 책을 집어들거나 바닥에서 동전을 집을 때 힘들이지 않고 지구 전체의 중력을 극복할 수 있는 것도 그런 이유 때문이다.

> 현재 지구 질량의 가장 정확한 값은 59억7,250만조 톤으로, 캐번디시의 결과와 약 1퍼센트의 오차가 있다.

지금까지 우리는…

우리에게는 우주와 지구가 있고, 시간은 걸렸지만
엄연한 사실로 밝혀지고 있는 지구가 얼마나
크고, 얼마나 둥글고, 얼마나 무겁고, 태양계의
이웃으로부터 얼마나 멀리 떨어져 있는가를
비롯해서 대단히 많은 측정을 했다. 간단히 말해서,
우리는 이미 많은 것들을 알아냈다.

지금까지 알아낸 것들 :

- 우리는 대폭발(빅뱅)에 대해서
- 태양계에 대해서
- 초신성이 어떻게 만들어지고 폭발하는지에 대해서
- 중력에 대해서
- 거리와 각도를 측정하기 위한 삼각측량법의 사용법에 대해서
- 명왕성의 잃어버린 위성에 대해서
- 우주 배경 복사에 대해서
- …그리고 더 많은 것을 알아냈다.

지구의 둘레는 얼마나 길까?

1637 리처드 노우드는 삼각측량법이라고 알려진 삼각형을 이용한 자신의 측정법을 소개한 항해법의 걸작 「선원 실무」를 발간했다. 그가 측정한 지구의 둘레는 실제와 근접하기는 하지만 아주 정확하지는 않았다.

1684 행성의 움직임을 연구하던 에드먼드 핼리는 훌륭한 과학자인 아이작 뉴턴에게 도움을 구할 정도로 현명했다.

1687 아이작 뉴턴이 자신의 유명한 저서 「프린키피아」에서 중력과 세 가지 운동법칙을 제시했고, 핼리는 그 결과를 발표할 수 있도록 해주었다.

1735 피에르 부게르와 샤를 마리 드 라 콩다민은 (지구의 둘레를 측정하기 위해서) 남아메리카의 안데스를 오르내리면서 자오선 1도의 길이를 측정하려고 노력했다.

1736 두 번째 프랑스 탐사대는 지구의 적도 부근이 불룩한 상태임을 확인했다.

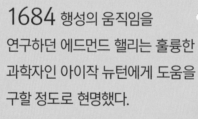

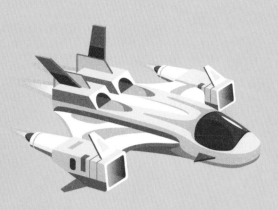

지구가 태양으로부터 얼마나 멀리 있을까?

1761 (오래 전에 사망한) 에드먼드 핼리의 조언에 따라, 전 세계의 과학자들은 금성 통과를 관찰하기 위해서 모든 곳으로 떠났고, 그 결과를 지구와 태양 사이의 거리를 측정하는 수단으로 이용했다.

지구는 얼마나 무거울까?

1774 네빌 매스켈린은 중력과 더 많은 삼각측량법과 등산이 필요한 뉴턴의 아이디어를 차용해서 지구의 무게를 측정하기로 했다. 매스켈린은 수학자 찰스 허턴과 함께 스코틀랜드에 있는 시할리온 산에 올랐다. 허턴은 계산을 하는 과정에서 등고선을 발명했고, 지구의 무게가 5,000조 톤에 가깝다고 밝혔다.

1793 존 미첼이 지구의 질량을 정확하게 측정하기 위한 기계의 설계도를 남겼다.

1797 헨리 캐번디시가 미첼의 장비로 측정한 결과, 지구의 질량이 60억조 톤이라고 밝혔다. 그의 결과는 1퍼센트 정도 틀린 것이었다. 나쁘지 않은 결과였다!

이제 우리 지구가 무엇으로 구성되어 있고, 얼마나 오래된 것인지에 대해서 알아보자.

지구의 나이 알아내기

18세기 말의 과학자들은 지구의 모양과 크기, 태양과 다른 행성까지의 거리, 그리고 무게를 정확하게 알고 있었다. 그래서 여러분은 지구의 나이를 알아내는 일도 비교적 간단할 것이라고 생각할 수도 있다. 그러나 그렇지 않다! 인간은 자신이 살고 있는 행성의 나이를 알아내기도 전에 원자를 쪼갰고, 텔레비전, 나일론, 인스턴트 커피를 발명했다.

산으로 올라간 조개

사람들의 흥미를 끌었던 의문들 중에는 사람들이 오래 전부터 궁금해했던 것도 있었다. 즉 옛날의 조개껍데기를 비롯한 바다 화석이 산꼭대기에서 자주 발견되는 이유는 무엇일까?
도대체 그런 것들이 어떻게 그곳까지 가게 되었을까?

그런 의문에 대한 해답을 제시하는 것은 스코틀랜드의 뛰어난 과학자 제임스 허턴의 몫이었다. 그는 자신의 농장을 관찰하여 바위가 침식되어 흙이 만들어지고, 그런 흙은 시냇물과 강물에 의해서 끊임없이 씻겨내려가서 다른 곳에 퇴적된다는 사실을 알고 있었다. 그는 만약 그런 과정이 계속 진행된다면 결국 지구는 편평해질 것이라는 사실을 깨달았다. 그러나 그의 주위에는 어디에나 언덕들이 있었다.

분명히 새로운 언덕과 산이 생겨나는 과정이 반복되려면 무엇인가 다른 일이 일어나고 있어야 했다. 허턴은 산꼭대기의 바다 화석은 홍수가 일어나는 동안에 퇴적된 것이 아니라 산 자체와 함께 솟아오른 것이라는 결론을 얻었다.

수성론(水成論) 대 화성론(火成論)

수성론자는 믿기 힘들 정도로 높은 곳에서 발견되는 바다 조개껍데기를 포함한 지구상의 모든 것을 해수면의 상승과 하강으로 설명할 수 있다고 주장했다. 산과 언덕과 모든 것들이 지구만큼이나 오래되었고, 세계적인 홍수로 물이 출렁거릴 때만 변화가 일어난다고 믿었다.

그 반대인 **화성론자**는 지구의 표면이 화산이나 지진 때문에 끊임없이 바뀌었을 뿐, 물과는 상관이 없다고 주장했다. 홍수를 일으켰던 그 많은 물은 어디로 갔으며, 한때 알프스를 덮을 정도였던 물은 어디로 갔느냐고 물었다. 그들은 지구의 표면뿐만 아니라 내부에도 엄청난 힘이 작용하고 있다고 믿었다. 그런 믿음은 정당했다. 그렇지만 그들은 여전히 조개껍데기가 어떻게 산으로 올라갔는지를 분명하게 설명하지 못했다.

들어올려지는 지구

허턴은 새로운 암석과 대륙이 만들어지고, 산맥이 융기되는 것은 지구 내부의 열 때문이라는 주장을 내놓기도 했다. (지질학자들이 허턴의 주장을 완전히 이해해서 판 구조론으로 받아들이기까지 200년이 걸렸다.) 허턴이 제기한 이론에 따르면, 지구의 모양을 만드는 변화에는 엄청난 시간이 필요했다. **지구는 어느 누구도 상상하지 못했을 정도로 훨씬 더 오래되었다.**

새로운 과학

과학자들이 마침내 지구가 얼마나 오래되었는지에 대한 의문에 도전할 수 있게 된 것은 또다시 100년이 흐른 후였다. 허턴은 뛰어났지만, 자신의 생각을 누구나 이해할 수 있도록 설명하는 능력은 없었다. 허턴의 천재적인 성과를 설명하고, 지질학이라는 새로운 과학을 탄생시키는 일은 다른 사람에게 넘겨졌다.

지구를 구성하고 있는 암석과 토양을 비롯한 모든 물질은 물론이고 그런 것들이 어떻게 형성되고 변화하는지를 연구하는 지질학은 지구에 대한 우리의 생각을 완전히 바꿔놓을 것이었다.

돌을 깨는 사람들

1807년 겨울에 런던 코벤트 가든의 롱 에이커에 있는 프리메이슨 주점에서 서로 마음이 통하던 13명의 친구들이 사교 모임을 만들고, 조금 거창하지만 지질학회라고 부르기 시작했다.

모임의 목적은 한 달에 한 번씩 성대한 만찬을 나누면서 지질학에 대한 의견을 교환하는 것이었다. 식사비는 의도적으로 상당히 비싼 수준인 15실링으로 정했다. 이들은 광물을 이용해서 돈을 벌거나 학자가 되고 싶어했던 사람들이 아니라, 전문가 수준의 생활을 취미로 삼을 수 있을 만큼 부와 여유를 누리던 신사들이었다. 진지한 모임이었기 때문에 참석하는 회원들은 정장과 모자를 갖추어 입는 것이 관행이었다. 10년이 채 지나기도 전에 회원 수는 400명을 넘어섰다. 물론 회원은 모두 남성이었다. 지질학회는 영국 최고의 과학 학술단체로 자리를 잡았다. 1830년에는 회원이 745명으로 늘어났고, 그런 모임은 다시는 볼 수 없었다.

저녁 모임은 거의 모든 회원들이 야외 답사를 하러 떠나는 매년 6월까지 계속되었다. 현대 지식 사회, 특히 영국에서 학식 있는 사람들은 야외로 나가서 그들의 표현처럼 약간의 '돌 깨기' 작업에 빠져들기를 좋아했다.

찰스 라이엘이 그 모임의 회원들 중에서 가장
유명해졌다. 그의 아버지는 유명한 이끼류 전문가였다.
라이엘은 아버지 덕분에 자연사에 관심을 가지게
되었고, 훗날에는 윌리엄 버클랜드 목사에게
매료되어 그와 함께 스코틀랜드로 과학 여행을
다녀왔으며, 지질학에 헌신했다.

옥스퍼드의 **윌리엄 버클랜드 목사**는 기인(奇人)이었다.
그는 야생 동물원을 가지고 있었다. 크고 위험한
짐승들이 집 안과 정원을 돌아다니기도 했다. 그는 살아
있는 모든 동물을 먹어보려고 애쓰기도 했다. 버클랜드는
손님들에게 구운 기니피그, 반죽을 입힌 쥐, 구운
고슴도치, 또는 삶은 동남 아시아 민달팽이를 대접하기도
했다. 그는 동물의 배설물이 화석화된 분석(糞石)의
전문가가 되었고, 분석으로 만든 테이블도 가지고 있었다.

제임스 파킨슨 박사는 영국의 조지 3세의 목에 독화살을
쏘아서 암살하려던 '장난감 총 사건'이라는 별난 음모에
가담했다. 체포된 파킨슨은 오스트레일리아로 추방될
뻔했다. 그러나 사태가 진정되면서 그는 지질학에
흥미를 가지게 되었고, 지질학회의 창립 회원들
중의 한 사람이 되었다.

로더릭 머치슨은 서른 살이 넘을 때까지 여우를
쫓아다니고, 사냥총으로 날아가는 새를 잡는 일에
열중했다. 그러던 그가 갑자기 암석에 흥미를 가지게
되면서 지질학의 거장이 되었다.

느리지만 꾸준하게 일어난다

지질학자들은 19세기 초부터 지구의 모습을 만들어낸 일들이 얼마나 빨리 진행되었는지에 대한 새롭고 긴 논쟁을 시작했다. 그것이 수성론과 화성론의 오랜 논쟁을 대체했지만, 더욱 중요한 것은 그런 논쟁을 통해서 라이엘이 현대 지질학의 아버지로 등장하게 되었다는 것이다.

격변론자들

이들은 지구의 모습이 짧은 기간에 갑자기 일어난 재앙에 가까운 사건에 의해서 만들어졌다고 믿었다. 주로 홍수와 같은 사건을 이야기했기 때문에 격변론과 수성론을 함께 묶기도 한다. 격변론자들은 멸종을 동물들이 사라지고, 새로운 종이 출현하는 극적인 일이 반복적으로 되풀이되는 과정이라고 믿었다.

동일과정론자들

이들은 반대로 지구에서의 변화가 점진적이고, 엄청나게 오랜 세월에 걸쳐서 느리게 일어났다고 믿었다. 허턴은 동일과정론의 아버지였고, 지구의 모습을 만든 신비롭고 느린 과정을 이해하는 데에는 필적할 상대가 없는 과학자였다. 그러나 사람들이 이해할 수 있도록 더 쉽게 책을 쓴 라이엘이 모든 영광을 차지했다.

영향력이 있었던 사람

「지질학의 원리」가 발간되었을 때 라이엘은 런던의 지질학 교수였다. 그 책에서 그는 지구의 변화가 균일하고 일정하게 일어난다는 주장을 폈다. 그는 과거에 일어났던 모든 일은 오늘날 진행되고 있는 현상으로 설명할 수 있다고 생각했다. 그의 영향력은 정말 대단했다. 「지질학의 원리」는 20세기 중반까지도 지질학에 영향을 미쳤다.

그의 선배 허턴처럼, 라이엘도 오늘날 우리에게 익숙해진 판 구조론의 발명을 위한 길을 마련해주었다. 곧이어 과학자들은 지구의 껍질에 해당하는 지각이 단단한 것이 아니라 흔히 대륙판이라고 부르는 '조각들'로 이루어져 있다는 사실을 이해하게 되었다. 이 판들은 뜨겁게 녹아 있는 마그마 위에서 정말 느리게 움직이면서 옮겨다닌다. 그 과정에서 판들이 충돌하고 압착되면서 지형에 엄청난 변화를 일으키고, 거대한 산맥과 계곡을 만든다. 그런 발견은 유용하기는 했지만, 대부분의 사람들이 생각했던 것보다 지구가 훨씬 더 오래되었다는 사실 이외에는 지구의 나이를 밝히는 일에 도움이 되지 않았다.

완벽하지는 않지만!

라이엘은 중요한 사실을 간과하고 있었다. 그는 산맥이 어떻게 형성되었는지를 확실하게 설명하지도 못했고, 빙하가 변화의 요인이라는 사실도 눈치채지 못했다. 그는 빙하기에 대한 주장을 받아들이지 않았고, 포유류가 식물이나 어류만큼 지구상에서 오래 살았다고 확신했다.

라이엘은 동물과 식물이 갑자기 멸종할 수 있다는 주장을 거부했고, 포유류, 파충류, 어류 등과 같은 주요 생물들이 태초부터 함께 존재해왔다고 믿었다. 그의 이 모든 주장은 틀린 것으로 밝혀졌다.

지질학자들은 암석과 화석들을 연대에 따라서 분류하기는 했지만, 그런 시대들이 얼마나 오래 지속되었는지는 알아내지 못했다.

숨은 화석 찾기

윌리엄 스미스는 서머싯 콜 운하 건설 현장의 젊은 감독이었다.
1796년 1월 5일, 그는 서머싯의 여관에 앉아서 그를 유명하게 만들어준 생각을
글로 쓰고 있었다.

영국 웨일스와 스코틀랜드 일부의
지질학을 보여주는 윌리엄 스미스의
독특한 지도는, 광산이나 공장을 세울
석탄이나 광물이 들어 있는 암석을
찾아내려던 기업가들에게 도움이 되었다.

암석 조사

스미스는 암석을 해석하려면, 어느 한 지역에서 발견되어 연대가 밝혀진
암석이 다른 지역에서 발견된 다른 시기의 암석보다 더 오래된 것인지
아닌지를 알아낼 수 있는 수단이 필요하다는 사실을 알고 있었다.

암석의 지층이 바뀔 때마다 어느 종의 화석은 사라지지만, 다른 종의 화석은
더 높은 층에서 계속 발견되기도 한다. 스미스는 어느 종이 어떤 지층에서
발견되는지를 분석하면 암석의 상대적인 나이를 밝혀낼 수 있을 것이라고
믿었다. 그는 탐사원으로 일하면서 익힌 지식을 이용해서 영국의 암석층에
대한 지도를 작성하기 시작했고, 그것이 현대 지질학의 바탕이 되었다.

총명한 수집가

1812년 영국 남부 해안에 있는 작은 마을 라임 레기스에서 메리 애닝이라는 특별한 어린이가 오늘날 이크티오사우루스라고 알려진 이상하게 생긴 바다 괴물의 화석을 발견했다. 길이가 5미터나 되는 그 화석은 영국 해협의 가파르고 위험한 절벽에 묻혀 있었다.

그것은 놀라운 업적의 시작이었다. 애닝은 그로부터 35년간 화석을 수집하면서 살았다. 그녀는 또다른 바다 괴물인 플레시오사우루스를 최초로 발견했고, 최초이면서 가장 완벽한 익수룡(翼手龍)도 발견했다.

그녀는 화석을 잘 찾아내기도 했지만, 화석이 손상되지 않도록 정교하게 발굴하기도 했다. 이 젊은 여성이 누구의 도움도 없이 가장 간단한 도구만으로 이룩한 업적의 규모와 아름다움은 런던의 자연사 박물관에서 확인할 수 있다. 애닝은 교육을 받지는 않았지만 정교한 그림과 설명을 남기기도 했다.

이 암모나이트 화석은 1억5,000만 년 된 것이다. 암모나이트는 멸종된 바다 생물이다. 암모나이트 화석은 그것이 발견된 암석층의 구체적인 지질 시대를 알려주기 때문에 표준화석이라고 부른다.

> 암석의 나이에 대한 해답은 화석에 들어 있다.

메리 애닝이 10년에 걸친 끈질긴 발굴로 찾아낸 플레시오사우루스.

돌의 나이 알아내기

지질학 달력

여기서 시험을 보지는 않겠지만, 시험을 위해서 지질학 용어를 외워야 한다면, 이런 조언을 기억하면 도움이 될 것이다. (선캄브리아대, 고생대, 중생대, 신생대와 같은) '대'는 한 해의 계절이라고 생각하고, (백악기, 트라이아스기, 쥐라기와 같은) '기'는 달이라고 생각하면 된다.

오늘날 상상하기 어렵지만, 지질학은 19세기를 움켜쥐고 있었다. 다른 과학 분야에서는 과거에도 없었고, 앞으로도 없을 일이다. 당시의 지질학은 대부분 지도와 그림으로 정리하기를 좋아했던 윌리엄 스미스와 찰스 라이엘과 관련되어 있었다.

오늘날 지질 시대는 크게 선캄브리아대, 고생대(그리스어로 '고대 생물'에서 유래), 중생대('중간 생물'), 신생대('새로운 생물')를 비롯한 4개의 대(代, era)로 나눈다. 이들 4개의 대를 다시 10여 개의 작은 그룹으로 나누어서 흔히 기(紀, period)라고 부른다. 이들 중 백악기, 쥐라기, 트라이아스기, 실루리아기 등은 비교적 잘 알려져 있다. 지난 6,500만 년에 적용되는 홍적세와 마이오세 등은 라이엘이 도입한 것이다.

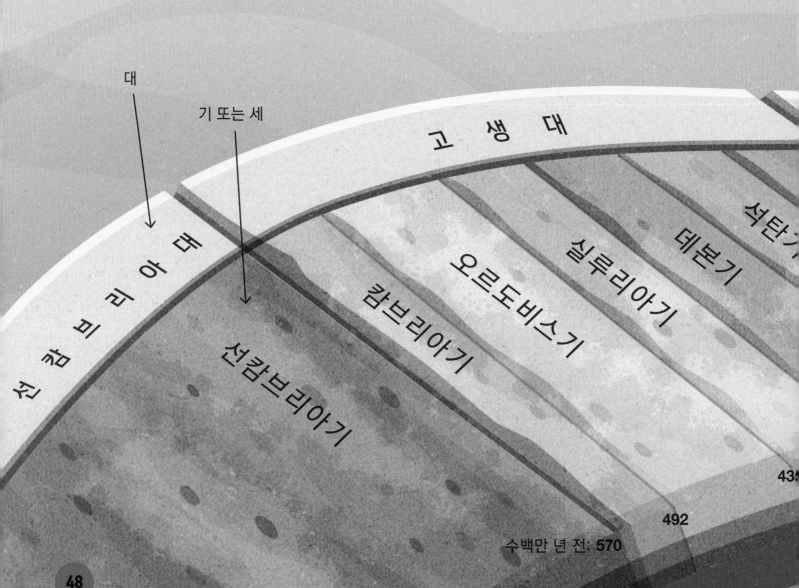

대

기 또는 세

고 생 대

진 캄 브 리 아 대

선캄브리아기

캄브리아기

오르도비스기

실루리아기

데본기

석탄기

435

492

수백만 년 전: 570

48

내가 알아낸 것이다!

지질학에서는 풀어야 할 문제들이 많았지만, 모든 문제들이 순탄하게
해결되지는 않았다. 처음부터 지질학자들은 암석들을 만들어진 시기에
따라서 분류하려고 했지만, 언제를 경계로 삼을 것인가에 대해서
심각한 논란이 벌어졌다.

영국의 지질학자 애덤 세지윅 목사가 당초 (앞에서 소개했듯이 영국
지질학회의 초기 회원이었던) 로더릭 머치슨이 실루리아기에
만들어졌다고 옳게 주장했던 암석층을 캄브리아기의 것이라고
잘못 주장하면서 시작된 논쟁도 그런 것이었다. 몇 년
동안 계속되었던 논쟁은 뜨겁게 달아올랐다. 그러나
싸움은 1879년에 캄브리아기와 실루리아기 사이에
오르도비스기라는 새로운 지질학적 시대를 삽입하는
것으로 간단하게 해결되었다.

신 생 대

홍적세

플라이오세

마이오세

올리고세

에오세

팔레오세

1.8

5

25

38

55

중 생 대

백악기

쥐라기

트라이아스기

페름기

65

144

213

248

286

354

412

암석층은 형성된 기에
의해서 연대가 결정된다.

이빨과 발톱

19세기 중엽에는 암석의 연대 결정에 도움이 될 화석 증거가 충분했다. 1787년 미국 뉴저지의 누군가가 우드버리 크릭이라는 지역의 강바닥에 솟아 있던 거대한 대퇴골을 발견했다. 그 뼈는 적어도 뉴저지에서 살던 생물이 아닌 것은 분명했다.

엄청난 것!

오늘날 그 화석은 오리 부리를 가진 거대한 공룡, 하드로사우루스였을 것이라고 생각된다. 그러나 당시에는 공룡이 알려져 있지 않았다. 그 뼈는 미국 최고의 해부학자, 카스파 위스타 박사에게 보내졌다. 그는 뼈의 가치를 전혀 인식하지 못하고, 단순히 정말 거대한 동물의 뼈라는 정도의 사실만을 평범하고 조심스럽게 발표하고 말았다. 결국 그는 50년 먼저 공룡을 발견할 수 있었던 기회를 놓쳐버린 셈이다. 아무도 관심을 보이지 않았던 그 뼈는 창고에 처박혀 있다가 완전히 사라졌다. 그래서 최초로 발견되었으나 가장 먼저 사라진 공룡의 뼈가 되고 말았다.

미국에 도전하기

당시 미국은 이미 몸집이 큰 고대 동물의 잔해에 열광하고 있었기 때문에 새로 발견된 유골에 사람들이 대단한 관심을 보이지 않은 것은 정말 놀랄 일이었다. 그런 관심은 프랑스의 위대한 박물학자 뷔퐁 백작의 이상한 주장 때문에 시작되었다. 그는 신세계의 모든 생물은 모든 면에서 구세계의 생물보다 열등하다고 주장했다. 뷔퐁에 따르면, 썩어가는 습지와 햇볕이 들지 않은 숲에서 나는 '고약한 냄새' 때문에 아메리카는 썩은 물과 메마른 대지, 그리고 작고 약한 짐승이 사는 곳이었다.

보여주겠다!

뷔퐁의 발언에 미국이 분개한 것은 당연했다. 미국 포유류의 몸집과 위엄을 보여주기 위해서 뷔퐁에게 보낼 수컷 말코손바닥사슴을 잡을 20명이 군인들이 북부의 숲으로 파견되었다. 그러나 불행하게도, 그들이 잡은 사슴은 뷔퐁을 설득시키기에 충분한 멋진 뿔을 가지고 있지 않았다. 사려 깊었던 군인들은 엘크인지 수사슴인지의 뿔을 마치 자신들이 잡은 사슴에 붙어 있었던 것처럼 만들어서 보냈다. 프랑스 사람들이 도대체 어떻게 알 수 있겠는가?

큰 뼈 찾아내기

한편, 필라델피아의 자연학자들은 훗날
매머드라고 잘못 확인된, 코끼리를 닮은
동물의 뼈를 끼워맞추고 있었다. 켄터키의
빅본릭이라는 곳에서 처음 발견된 뼈들은
곧 미국 전역에서도 발굴되었다. 미국의
자연학자들은 정체 불명인 동물의 거대함과
난폭함을 과장하고 싶은 욕심에 집착했다.
그들은 몸집을 6배나 더 크게 추정했고,
무서운 발톱을 가졌다고 주장했다. 실제로
그 발톱은 전혀 다른 동물인 거대한 육상
공룡 메갈로닉스의 것이었다.

젖꼭지 이빨

그 뼈의 일부는 1795년 파리로 보내져서 화석학이라고 알려진 선사학
(先史學) 분야에서 당시 떠오르던 스타로부터 조사를 받았다. 젊은
조르주 퀴비에는 마구 흩어진 한 무더기의 뼈를 순식간에 그럴듯한
모습으로 복원해서 사람들을 놀라게 했다. 이 육중한 괴물에
대해서 논문을 쓴 미국 과학자가 없었다는 사실을 알게 된 퀴비에는
스스로 논문을 발표해서 '젖꼭지 이빨'이라는 뜻을 가진 마스토돈의
공식적인 발견자가 되었다.

더 많은 뼈

영국에서 윌리엄 스미스가 화석에 관심을 가지기 시작하던 시기에 이런 뼈들은
모든 곳에서 발굴되고 있었다. 미국 사람들은 공룡을 발견할 기회가 몇 차례 더
있었지만 모두 놓치고 말았다. 예를 들면, 1806년에 메리웨더 루이스와 윌리엄
클라크가 이끌던 원정대는 미국 동부에서 서부에 이르는 지역을 살펴보던 중에
몬태나에 있는 지옥의 계곡을 지나고 있었다. 훗날 그야말로 공룡의 뼈들이 화석
수집가의 발에 밟힐 정도로 많았던 곳이다. 두 사람은 암석에 박혀 있는 확실한
공룡의 뼈를 보았지만, 아무것도 알아차리지 못했다.
플리너스 무디라는 시골 소년이 매사추세츠의 사우스 해들리에 있는 오래된
암석 광산에 몰래 숨어들어간 덕분에 뉴잉글랜드의 코네티컷 강 계곡에서
다른 뼈들과 화석화된 발자국들이 발견되었다. 작은 도마뱀처럼 생긴 공룡인
안키사우루스의 뼈를 비롯하여 그곳에서 발굴된 뼈들 중 일부는 지금까지
보존되어 있다. 1818년에 발굴된 뼈들은 미국에서 검사를 거쳐 보존된 최초의
공룡 뼈였다.

동물 창조하기

발견된 엄니들은
창의적인 여러 가지 방법들로
동물의 머리에 붙여졌다. 복원에
참여했던 한 사람은 엄니를 거꾸로
세워서 퓨마의 송곳니처럼 억지로
끼워넣기도 했다.
엄니를 뒤쪽으로 휘어지게 붙인 후,
그 동물이 물속에 살면서 엄니를
이용해서 나무를 잡은 자세로 잠을
잤을 것이라는 재미있는 주장을
하기도 했다.

1880년대에는 어떤 종류든
멸종한 생물은 관심의
대상이 되었다.

공룡 사냥꾼

크리스털 궁 공원이라고 부르는 런던 남부의 궁전에서는 이상하고 사람들의 기억에서 망각된 세계 최초의 실물 크기 공룡 모형들을 볼 수 있다. 1851년에 그런 모형들이 처음 설치되었을 때부터 공룡 사냥에 대한 과학이 막 시작되었고, 그때부터 몇몇 핵심 인물들의 노력 덕분에 오늘날 우리는 이런 선사시대의 생물에 대해서 알 수 있게 되었다.

최초의 이구아노돈

기디언 앨저넌 맨텔은 영국 서식스에서 살던 시골 의사였다. 맨텔은 아내가 찾아낸 이상한 돌이 화석화된 이빨이라는 사실을 알아차렸다. 또 그 동물이 초식 파충류였고, 길이가 수십 미터나 될 정도로 거대했으며, 백악기에 살았다는 사실을 알아냈다. 그의 분석은 모든 면에서 옳았다. 이 동물은 실제로는 연관이 없었지만, 햇볕을 좋아하는 열대 지방 도마뱀의 이름을 따라 이구아노돈이라고 불리게 되었다. 맨텔은 화석 채집 작업을 계속해서 힐라에오사우루스를 발견했다. 그는 아마도 영국에서 가장 많은 화석을 소장한 사람이었을 것이다.

크리스털 궁 공원이 런던에서 가장 유명한 명소였던 적도 있었다. 모형의 상당 부분이 엄밀한 의미에서 정확하지는 않다. 예를 들면, 이구아노돈의 엄지발가락은 코에 스파이크처럼 붙어 있고, 실제로 그래야 하는 것처럼, 두 개가 아니라 네 개의 튼튼한 다리로 버티고 서 있는 모습은 어쩐지 당당하면서도 어딘가 어색한 개처럼 보이기도 한다.

무시무시한 도마뱀

리처드 오언은 1841년에 '공룡(dinosauria)'이라는 말을 처음 만든 사람으로 기억된다. '무시무시한 도마뱀'이라는 뜻의 그 이름은 이상할 정도로 적절하지 않은 것이었다. 오늘날 우리가 알고 있는 것처럼, 공룡이라고 해서 모두 무시무시하지는 않았다. 토끼보다 작고, 수줍음이 많은 공룡도 있었다. 그리고 한 가지 가장 확실한 사실은 공룡은 도마뱀이 아니라는 것이다. 오언도 그 동물이 파충류라는 사실을 알고 있었지만 어떤 이유에서인지 정확한 그리스어(헤르페톤[herpeton]) 단어를 선택하지 않았다.

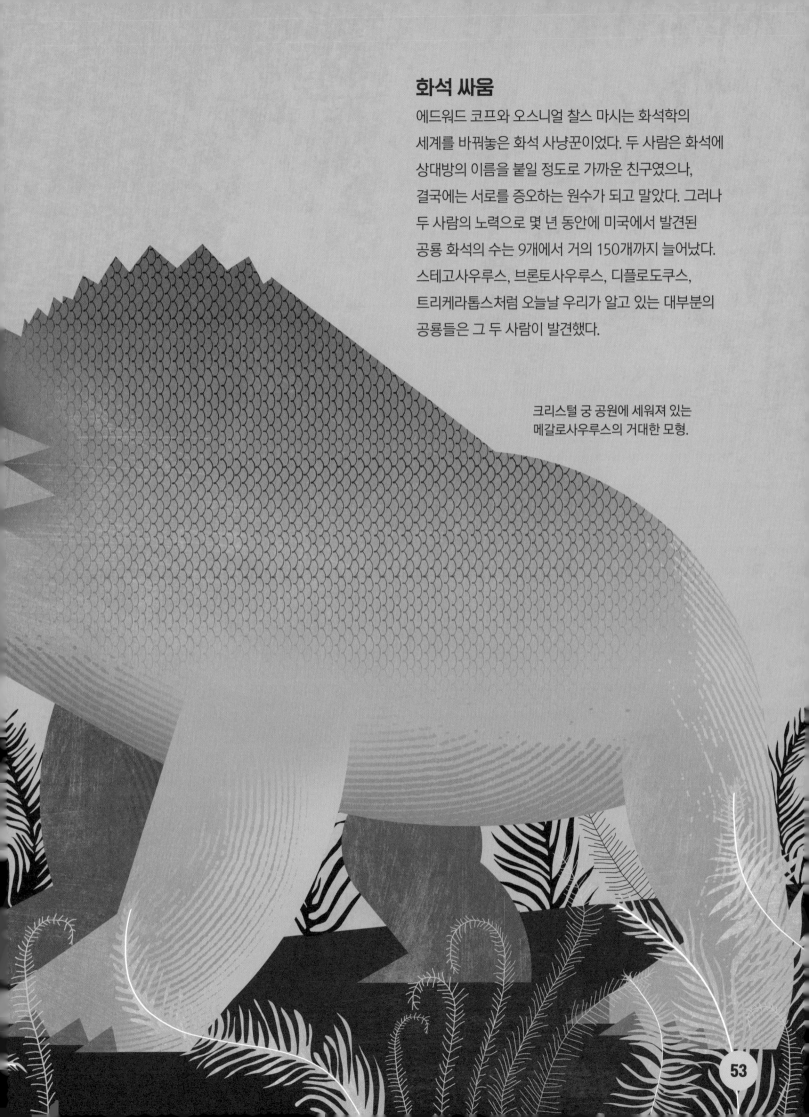

화석 싸움

에드워드 코프와 오스니얼 찰스 마시는 화석학의
세계를 바꿔놓은 화석 사냥꾼이었다. 두 사람은 화석에
상대방의 이름을 붙일 정도로 가까운 친구였으나,
결국에는 서로를 증오하는 원수가 되고 말았다. 그러나
두 사람의 노력으로 몇 년 동안에 미국에서 발견된
공룡 화석의 수는 9개에서 거의 150개까지 늘어났다.
스테고사우루스, 브론토사우루스, 디플로도쿠스,
트리케라톱스처럼 오늘날 우리가 알고 있는 대부분의
공룡들은 그 두 사람이 발견했다.

크리스털 궁 공원에 세워져 있는
메갈로사우루스의 거대한 모형.

뼈의 시대

적어도 오늘날에는 몇 가지 정교한 연대 측정 기술을 이용할 수 있다. 그러나 19세기의
지질학자들은 가장 희망적인 추정 이상의 결론은 기대할 수 없었다.

정말 무모한 추측!

1650년에 아일랜드 교회의 제임스
어셔 대주교는 성경을 신중하게
살펴보고 지구가 기원전 4004년
10월 23일 정오에 창조되었다는
결론을 내렸다.

이크티오사우루스 유골의 연대를
알아내려던 윌리엄 버클랜드는
그것이 '1만 년에서 1억 년 전'에
살았을 것이라고 추정할 수밖에
없었다.

켈빈 경이 된 스코틀랜드의 윌리엄
톰슨은 처음에 지구의 나이가 9,800
만 년이라고 제안했다. 시간이 지난
후에 그는 조심스럽게 '2,000만
년에서 4억 년 사이'일 것이라고
했다가, 다시 1억 년으로 줄였다가,
5,000만 년으로 줄었고, 마지막에는
2,400만 년이라고 했다.

추측 게임

19세기 중엽까지도 대부분의 학자들은 지구의 나이가 적어도 수백만 년,
어쩌면 수천만 년 이상은 될 것이라고 생각했다. 그러나 그런 혼란은
세기말까지 계속되었고, 책에 따라서 캄브리아기의 초기 생물부터 지금까지
300만 년, 1,800만 년, 6억 년, 7억9,400만 년, 24억 년 또는 그 중간의 어떤
숫자에 해당하는 세월이 흘렀다는 결론도 가능할 듯했다.

정확한 나이

1859년에 영국의 생물학자 찰스 다윈은 영국 남부 지역을 형성시킨 지질학적
변화가 정확하게 306,662,400년이 걸렸을 것이라고 추측했다. 그의 추정은
놀라울 정도로 구체적이었지만, 당시의 종교적 가르침에 어긋났기 때문에
그를 믿고 싶어했던 사람들은 많지 않았다.

본 캐빈 채석장

1898년 미국 와이오밍 주의 본 캐빈 채석장에서는 그야말로 굉장한 화석이 발견되었다. 그곳 언덕에서는 심하게 풍화된 수많은 화석들이 발견되었다. 사실 그 수가 너무 많아서 어떤 사람은 그것으로 오두막을 짓기도 했기 때문에 '본 캐빈(Bone Cabin)'이라는 이름이 붙여졌다. 처음 2년 동안에 그곳에서는 4만5,000킬로그램의 고대의 유골들이 발굴되었고, 그후로 5-6년 동안 매년 수만 톤이 더 발굴되었다.

본 캐빈 채석장에서의 발굴.

넘쳐나는 뼈

그 결과, 화석학자들은 몇 톤에 이르는 고대 화석을 확보하게 되었다. 문제는 여전히 그 뼈들이 얼마나 오래 되었는지를 몰랐다는 것이다. 더욱 고약했던 것은, 당시까지 공인된 지구의 나이로는 과거에 존재했던 것이 확실한 대(代)와 기(期)의 숫자를 제대로 설명할 수 없었다는 것이다.

지질학자들이 지구의 나이를 정확하게 알아내기 위해서 도움이 필요했던 것은 분명했다. 그런 도움은 새로운 과학적 발견으로 가능해졌다. 화학이 참여할 시기였다.

BB-051

대단한 원자

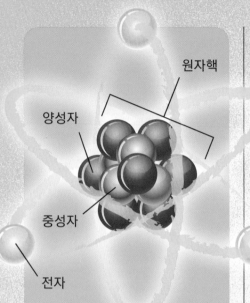

원자핵

양성자

중성자

전자

원자

모든 원자는 세 종류의 입자로 구성된다.

• 양전하를 가진 양성자

• 음전하를 가진 전자

• 전하가 없는 중성자

양성자와 중성자는 원자의 중심인 원자핵에 밀집되어 있고, 전자는 그 바깥을 돌아다닌다.

내 몸에는 도대체 셰익스피어의 어느 부분에 있던 10억 개의 원자들이 있을까?

8쪽에서 소개한 여러분을 만들고 있는 원자들에게는 또다른 중요한 기능이 있다. 세상의 모든 것을 만드는 물질인 원자는 화학의 기반이다. 원자는 어디에나 존재하고, 모든 것이 원자로 만들어진다. 원자가 존재한다는 사실을 수학적으로 완벽하게 증명하기 위해서는 아인슈타인과 같은 위대한 과학자가 있어야 했지만, 원자의 개념이나 원자라는 용어는 전혀 새로운 것이 아니었다. 원자의 개념과 용어는 모두 고대 그리스에서 정립되었고, 과거에 수많은 과학자들이 연구를 했다.

상상을 넘어서는 숫자

원자들은 정말 상상도 할 수 없는 숫자로 존재한다. 해수면에서 섭씨 0도의 경우, 각설탕 한 개에 해당하는 1세제곱센티미터의 공간에는 2만7,000조 개 정도의 분자가 들어 있다. (분자는 2개 이상의 원자들이 함께 움직이는 것이다.) 우주를 채우려면 몇 개가 필요할지 생각해보라!

아주 조금의 셰익스피어

원자들은 수명이 아주 길 뿐만 아니라 정말 여러 곳을 돌아다닌다. 여러분의 몸에 있는 원자들은 모두 여러분의 몸에 들어가기 전에 이미 몇 개의 항성을 거쳐왔을 것이고, 수백만에 이르는 생물들의 일부였을 것이 거의 확실하다. 우리는 정말로 엄청난 수의 원자로 구성되어 있을 뿐만 아니라, 우리가 죽고 나면 그 원자들은 모두 재활용된다. 따라서 우리 몸에 있는 원자들 중 상당수는 한때 셰익스피어의 몸에 있었을 수도 있다. 부처, 칭기즈 칸, 베토벤은 물론이고 여러분이 기억하는 거의 모든 역사적 인물들로부터 물려받은 것들도 수십억 개씩은 될 것이다.

우리가 죽고 나면, 우리 몸에 있던 원자들은 모두 흩어져서 다른 곳에서 새로운 목적으로 사용된다. 나뭇잎이나, 이슬방울이나, 다른 사람의 몸이 될 수도 있다. 원자들은 실질적으로 영원히 존재한다. 원자들이 얼마나 오래 살 수 있는지는 아무도 확실하게 알지 못하지만, 아마도 수십억 년은 될 것이다.

원자의 무게 측정

원자는 작고, 많으며, 거의 파괴할 수 없다는 세 가지 특성을 가지고 있다는 사실과, 세상의 모든 것이 원자로 만들어져 있다는 사실은 존 돌턴이라는 영국인을 매혹시켰다. 돌턴은 1766년에 태어났다. 그는 예외적이라고 할 만큼 뛰어났기 때문에 열두 살의 어린 나이에 시골에 있던 퀘이커 학교의 운영을 맡았다. (그의 일기에 따르면, 당시 그는 라틴어로 된 「프린키피아」 원서를 읽고 있었다.) 20대에 그는, 모든 물질은 엄청나게 작은 입자인 원자들로 구성되어 있다고 주장했던 초기 과학자들 중 한 사람이었다. 그러나 그의 주요 업적은 그런 원자들의 상대적 크기와 특성, 그리고 그것들이 어떤 관계인지를 생각했다는 것이다.

가벼움의 척도

예를 들면, 돌턴은 수소가 가장 가벼운 원소라는 사실을 알고 있었다. 그래서 그는 수소의 '원자량'을 1이라고 정했다. 또한 물이 산소와 수소가 7 : 1로 결합된 것이라고 믿었기 때문에 산소의 원자량을 7이라고 정했다. 그런 방법으로 당시에 알려졌던 원소들의 상대적인 질량을 알아낼 수 있었다. 그가 언제나 정확했던 것은 아니다. 사실 산소의 원자량은 7이 아니라 16이다. 그러나 그의 원칙은 옳았고, 그것이 현대 화학은 물론이고 현대 과학의 기초가 되었다.

원자의 크기

원자 하나의 크기는 정말 상상하기 어렵지만 노력은 해보자.

1. – 정도의 크기에 해당하는 1밀리미터에서 시작한다.
2. 선을 1,000부분으로 나눈다고 생각한다. (각 부분이 마이크로미터가 된다.)
3. 마이크로미터를 10,000부분으로 나눈다.
4. 그것이 원자의 크기이다. 1밀리미터의 1,000만분의 1이다.

원자는 정말, 정말 작다. 50만 개의 원자를 서로 붙여서 늘어놓아도 사람의 머리카락보다 가늘다.

수소 : 원자량 1

철 : 원자량 56

플루토늄 : 원자량 244

마술에서 깨어난 화학

18세기 말까지도 화학은 거의 과학으로 인정을 받지 못했다. 화학은 일상적인 혼합물을 거의 마술적으로 변환시키기 위해서 장난치는 것에 가까웠다.

초기에 과학자들은 어디에서나 무생물에게 생명을 불어넣는 힘과 같은 존재하지도 않는 것을 찾고 있었다.

연금술사

당시의 화학자들은 대부분 보통의 금속을 금과 은으로 변환시킬 수 있을 것이라고 믿었던 연금술사였다. 독일의 요한 베허는 그보다 더 나아갔다. 그는 적당한 물질을 찾아내기만 하면 투명 인간이 될 수 있다고 믿었다. 더욱 놀라운 사람은 독일의 헤니히 브란트였다. 그는 50통의 소변을 모아서 몇 달 동안 지하창고에 저장했다. 여러 과정을 거쳐서 그는 소변을 고약한 반죽으로 만든 후에 다시 반투명한 왁스로 변환시켰다. 물론 금은 얻지 못했지만, 이상하고 흥미로운 일이 일어났다. 시간이 지나면서 그 물질이 빛을 내기 시작했던 것이다. 더욱이 공기 중에 놓으면 저절로 불이 붙기도 했다. 그는 금 대신 인(燐)을 발견했다.

맹독성의 화학

1750년대에 스웨덴의 화학자 카를 셸레는 염소, 망간, 질소, 산소를 비롯해 여덟 가지 원소를 발견했다. 화학에서 원소는 한 종류의 원자만으로 구성된 물질이다. 그는 염소를 표백제로 이용할 수 있다는 사실도 처음 알아냈다. 안타깝게도 그는 자신이 실험하는 모든 독성 물질을 직접 맛보는 불행한 습관 탓에 목숨을 잃었다.

19세기 초에 영국에서는 웃음 기체라고도 부르는 산화이질소를 흡입하는 것이 유행했다. 그런 유행은 산화이질소를 마취제로 사용할 수 있다는 사실이 밝혀지기 전까지 반세기 동안 이어졌다. 이 기체의 실용적인 사용법이 밝혀지기까지 얼마나 많은 환자들이 외과의사의 칼로 고통을 겪었는지 알 수도 없다.

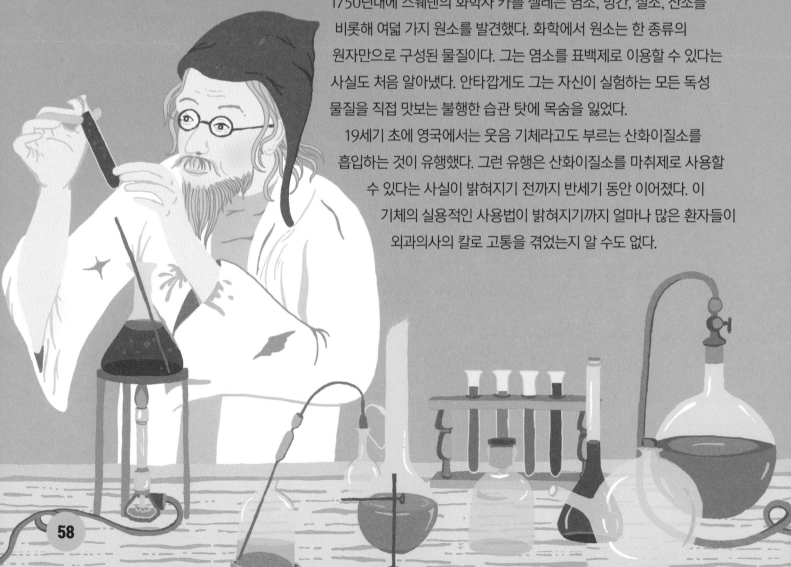

수소를 위한 재능

화학에서 해야 할 일이 많이 남아 있는 것은 분명했다. 화학의 현대화를 위해서는 뛰어난 과학자가 필요했다. 앙투안-로랑 라부아지에는 정부를 대신해서 세금과 수수료를 징수하는 평판이 아주 나쁜 곳에서 일하던 프랑스의 귀족이었다. 그곳은 부자가 아니라 가난한 자들에게만 세금을 부과했다. 그러나 그는 그곳에서 일하며 자신이 가장 좋아하던 과학 연구에 필요한 자금을 확보할 수 있었다. (한창 번창했을 때에 그의 연간 수입은 오늘날의 화폐로 1,200만 파운드에 이르렀다.)

라부아지에는 어떤 원소도 발견하지 못했지만 다른 사람들의 발견을 정당화시켜주었다. 그는 산소와 수소의 정체를 확인하고, 오늘날 사용하는 이름을 붙여주었다. 또한 모든 사람들이 오래 전부터 믿었던 것과는 달리 물체에 녹이 슬면, 무게가 더 가벼워지는 것이 아니라 더 무거워진다는 사실을 알아냈다. 그것은 아주 특별한 발견이었다. 물체는 녹이 슬면서 공기로부터 원소 입자들을 끌어들인다. 물질이 한 종류에서 다른 종류로 변환된다는 사실을 알아낸 것이다. 물질은 단순히 사라지지 않는다.

지금 이 책을 태우면 그 물질은 재와 연기로 바뀌지만 우주에 존재하는 '물질'의 총량은 변하지 않는다.

경쟁자의 분노

불행하게도 라부아지에는 장-폴 마라라는 젊은 과학자의 이론을 비판했다. 실제로 마라의 이론은 틀린 것이었지만, 화가 난 마라는 1793년 프랑스 혁명 때에 그를 단두대에서 처형시켰다.

전기를 통하는 액체

영국에서는 험프리 데이비라는 훌륭한 젊은이가 연이어 포타슘, 소듐, 마그네슘, 칼슘, 스트론튬, 알루미늄 등의 새로운 원소들을 발견했다. 그가 그렇게 많은 원소들을 발견하게 된 것은 그가 특별히 부지런했기 때문이 아니라, 액체에 전기를 흘려주는 천재적인 기술을 개발했기 때문이다. 오늘날 전기 분해라고 알려진 기술이다. 데이비는 당시에 알려져 있던 원소의 20퍼센트에 해당하는 12개의 원소를 발견했다.

무엇에 쓸 것인지를 알고 있는 원소보다 더 많은 수의 화학 원소들이 알려지면서 화학은 심각한 분야가 되었다. 또 그런 원소들을 정렬하게 되면서 새로운 국면이 펼쳐졌다.

주기율표

가끔씩 정리가 되었음에도 불구하고 화학은 매우 혼란스러운 상태였다. 초기의 화학자들은 대부분 고립된 채로 연구를 했기 때문에 일상적인 용어조차도 공유하지 않았다. 예를 들면, 19세기 중반까지도 H_2O_2라는 기호는 물을 나타내기도 했고, 과산화수소를 나타내기도 했다. 어느 곳에서나 공통으로 표기되는 원소는 하나도 없었다.

화학자들은 황당할 정도로 다양한 기호와 약어들을 사용했고, 그 대부분이 필요에 따라 스스로가 만들어낸 것이었다.

어머니와 아들 멘델레예프

그래서 1869년에 드미트리 이바노비치 멘델레예프라는 이름의 러시아 상트페테르부르크 대학교의 별나고 정신 나간 사람처럼 보이는 교수가 모든 것을 말끔하게 정리하자, 모두가 반가워했다. 그는 시베리아 서쪽 끝에 있는 지역에서 대가족의 막내로 태어났다. 멘델레예프 가족은 상당히 부유했지만, 항상 운이 좋았던 것은 아니었다. 드미트리가 어렸을 때, 지역 학교의 교장이었던 그의 아버지는 시력을 잃었고, 따라서 어머니가 일을 하러 나가야 했다. 유별난 여성이었던 그의 어머니는 번창하던 유리 공장의 감독이 되었다. 그러나 그 공장은 1848년에 화재로 불타버렸고, 가정 형편도 매우 어려워졌다. 막내를 교육시켜야 한다는 집념이 강했던 불굴의 멘델레예프 부인은 차를 얻어타고 아들 드미트리를 6,400킬로미터나 떨어진 상트페테르부르크로 데리고 가서 대학에 입학시켰다.

멘델레예프는 원소들을 7개씩 묶었다. 미국에서 유행하던 솔리테어라는 카드놀이와 다른 사람들의 끈기에서 아이디어를 얻었다고 한다. 놀이에서는 카드를 가로 방향의 '세트'와 세로 방향의 '번호'로 배열한다.

표 만들기

당시에는 일반적으로 원소들을 원자핵에 들어 있는 양성자와 중성자의 수에 해당하는 원자량이나, 예를 들면 금속인지 기체인지와 같은 공통 성질에 따라서 두 가지 방법으로 분류했다. 두 가지 분류 방법을 통합해서 하나의 표로 만들 수 있다는 사실을 알아낸 것이 멘델레예프의 돌파구였다. 그리고 그런 성질들이 주기적으로 반복되기 때문에 그 표는 **주기율표**라고 알려졌다.

기본적이다!

여전히 알려지지 않았거나, 이해하지 못한 것들이 많았다. 수소는 우주에서 가장 흔한 원소이지만, 그로부터 30년 동안 아무도 수소에 대해서 많이 알아내지는 못했다. 헬륨도 1895년까지 지구에서 발견된 적이 없었다. 실제로 60여 개의 원소들이 발견되지 못했고, 앞으로도 더 많은 원소들이 발견될 수도 있다. 그렇지만 멘델레예프 덕분에 이제 화학은 튼튼한 근거를 마련하게 되었다. 화학자들에게 주기율표는 과장하기 힘든 훌륭한 질서와 명확함을 제공했다.

오늘날에는 자연에 존재하는 94종에, 실험실에서 만든 24종을 더해서 모두 118종의 원소가 알려져 있다.

원소의 주기율표

원소들을 주기라고 부르는 가로줄과 족이라고 부르는 세로줄에 따라서 배열한다. 그런 배열은 곧바로 위에서 아래로 읽을 때의 관계와 좌우로 읽을 때의 또다른 관계를 보여준다.

원소들은 하나 또는 두 개의 글자로 표현된다. 예를 들어서, As는 독성 원소인 비소를 나타내는 약어이고, O는 기체 산소이고, (페룸이라는 라틴어에서 유래된) Fe는 철이다.

H 수소																	He 헬륨
Li 리튬	Be 베릴륨											B 붕소	C 탄소	N 질소	O 산소	F 플루오린	Ne 네온
Na 소듐	Mg 마그네슘											Al 알루미늄	Si 규소	P 인	S 황	Cl 염소	Ar 아르곤
K 포타슘	Ca 칼슘	Sc 스칸듐	Ti 타이타늄	V 바나듐	Cr 크로뮴	Mn 망가니즈	Fe 철	Co 코발트	Ni 니켈	Cu 구리	Zn 아연	Ga 갈륨	Ge 저마늄	As 비소	Se 셀레늄	Br 브로민	Kr 크립톤
Rb 루비듐	Sr 스트론튬	Y 이트륨	Zr 지르코늄	Nb 나이오븀	Mo 몰리브데넘	Tc 테크네튬	Ru 루테늄	Rh 로듐	Pd 팔라듐	Ag 은	Cd 카드뮴	In 인듐	Sn 주석	Sb 안티모니	Te 텔루륨	I 아이오딘	Xe 제논
Cs 세슘	Ba 바륨	La 란타넘	Hf 하프늄	Ta 탄탈럼	W 텅스텐	Re 레늄	Os 오스뮴	Ir 이리듐	Pt 백금	Au 금	Hg 수은	Tl 탈륨	Pb 납	Bi 비스무트	Po 폴로늄	At 아스타틴	Rn 라돈
Fr 프랑슘	Ra 라듐	Ac 악티늄	Rf 러더포듐	Db 두브늄	Sg 시보귬	Bh 보륨	Hs 하슘	Mt 마이트너륨	Ds 다름슈타튬	Rg 뢴트게늄	Cn 코페르니슘	Nh 니호늄	Fl 플레로븀	Mc 모스코븀	Lv 리버모륨	Ts 테네신	Og 오가네손

Ce 세륨	Pr 프라세오디뮴	Nd 네오디뮴	Pm 프로메튬	Sm 사마륨	Eu 유로퓸	Gd 가돌리늄	Tb 터븀	Dy 디스프로슘	Ho 홀뮴	Er 어븀	Tm 툴륨	Yb 이터븀	Lu 루테튬
Th 토륨	Pa 프로트악티늄	U 우라늄	Np 넵투늄	Pu 플루토늄	Am 아메리슘	Cm 퀴륨	Bk 버클륨	Cf 캘리포늄	Es 아인슈타이늄	Fm 페르뮴	Md 멘델레븀	No 노벨륨	Lr 로렌슘

빛을 내는 원소들

19세기에 이루어진 업적 중에서 화학자들에게 중요한 놀라운 일은 또 있었다. 그것은 1896년 파리에서 앙리 베크렐이 우라늄 염 덩어리를 서랍 속에 들어 있던 포장된 사진판 위에 아무렇게나 던져두면서 시작되었다. 얼마 후에 사진판을 꺼내본 그는 마치 빛에 노출된 것처럼 우라늄 덩어리의 흔적이 사진판에 새겨져 있는 것을 보고 깜짝 놀랐다. 덩어리가 알 수 없는 종류의 빛을 방출하고 있었던 것이다.

돌에서 느껴지는 온기

자신의 발견이 중요하다고 생각했던 베크렐은 아주 이상한 일을 했다. 마리 퀴리라는 대학원생에게 그 이유를 알아보도록 맡긴 것이다. 갓 결혼한 남편 피에르와 함께 일하던 퀴리는 어떤 종류의 암석은 상당한 양의 에너지를 일정하게 방출하면서도 겉으로 보기에는 크기는 물론이고 다른 어떤 성질도 달라지지 않는다는 사실을 발견했다. 부부는, 그 암석이 아주 효율적인 방법으로 질량을 에너지로 변환시키고 있었다는 사실을 짐작조차 할 수가 없었다. 10년 후에 아인슈타인이 설명을 해줄 때까지는 누구도 알 수가 없었다.
마리 퀴리는 그런 효과를 '방사능'이라고 불렀다.

살인 광선

상당한 기간 동안, 사람들은 방사능처럼 신비로운 에너지원이라면 유용해야 한다고 생각했다. 20세기 초에 피에르 퀴리는 방사선 질병의 징후를 경험하기 시작했고, 그의 아내는 연구를 계속해서 그 분야에서 명성을 얻었지만 방사선 노출로 인해서 생긴 백혈병으로 사망했다.

퀴리 부부는 연구 과정에서 마리의 조국인 폴란드의 이름을 붙인 폴로늄과 라듐이라는 두 개의 원소를 발견했다.

방사능은 매우 위험하고 그 효과가 오래 지속된다. 심지어 지금도 마리 퀴리의 서류들은 너무 위험해서, 납으로 밀폐된 상자에 보관되어 있다. 보호복을 입은 사람만이 그 노트를 볼 수 있다.

태양에서도 강력한 방사능이 나온다. 다행히 우리는 대기에 들어 있는 기체층 덕분에 방사능으로부터 보호를 받고 있다.

1950년대 손목시계의 바늘과 숫자에 있는 발광 페인트에는 소량의 브로민화 라듐이 들어 있다. 페인트는 수백 년 동안 계속 빛을 내면서 위험한 기체를 방출한다. 이제는 발광 페인트에 더 이상 라듐을 사용하지 않는다.

한동안 치약과 완하제(緩下劑) 생산자들은 제품에 방사성 물질을 첨가했고, 적어도 1920년대 말까지 뉴욕 주의 어느 호텔은 건강에 좋다는 '방사성 미네랄 온천'으로 유명했다.

지구는 스스로 온기를 만든다

캐나다 몬트리올에서는 뉴질랜드 출신의 어니스트 러더퍼드가 방사성 물질에 관심을 가졌다. 그는 적은 양의 물질에 엄청난 양의 에너지가 들어 있고, 지구가 뜨거운 것도 방사성 물질의 붕괴 때문이라는 사실을 밝혀냈다.

나이 감추기

한편, 지구의 나이를 측정하려는 열기는 점점 더 고조되어서 암석과 화석을 이용한 연대 측정가들이 논쟁을 벌이고 있었다. 물리학에서는 어떻게 태양같이 큰 물체가 연료를 충전하지 않고도 수천만 년 이상 타고 있는지를 설명하지 못했다. 따라서 태양과 행성들은 젊어야 했다. 그런 추측이 잘못된 것이라는 확실한 증거를 비교적 잘 제시한 사람이 어니스트 러더퍼드였다.

방사능 '시계'

러더퍼드는 방사성 물질의 시료가 붕괴되어서 절반으로 줄어드는 데에 일정한 시간이 걸린다는 사실과, 일정하고 신뢰할 수 있는 붕괴 속도를 시계로 사용할 수 있다는 사실에 주목했다. 현재 남아 있는 방사성 물질의 양과 그것이 얼마나 빠르게 붕괴되는가를 알아내면, 거꾸로 그 시료의 연대를 계산할 수 있다. 그는 우라늄 광석인 역청 우라늄 광석 조각을 연구해서 그것이 7억 년이나 되었다는 사실을 밝혀냈다. 당시 사람들이 지구의 나이라고 믿었던 것보다 훨씬 더 오래된 것이었다.

19세기가 막을 내리던 시기의 과학자들은 자신들이 전기, 자기, 기체와 같은 자연계의 신비를 밝혀냈다는 만족감에 빠져 있었다. 똑똑한 사람들 중 일부는 앞으로 과학이 할 일은 거의 없을 것이라고 믿었다.

아인슈타인 – 천재의 등장

세상은 많은 사람들이 아무것도 이해하지 못하고, 아무도 모든 것을 이해하지 못하는 과학의 세기로 들어서고 있었다. 그런 일을 가능하게 해준 과학자들 중 한 사람이 바로 알베르트 아인슈타인이었다. 1905년에 유명한 '특수 상대성 이론'이 담긴, 그의 첫 번째 위대한 과학 논문이 발표되었다. 그 논문은 우주에 대한 가장 심오한 신비 중 몇 가지를 해결해주었다.

$E = MC^2$

아인슈타인의 유명한 방정식은 그 논문이 아니라 몇 달 후에 발표된 짤막한 보충 자료에 들어 있었다. 수업 시간에 배운 것처럼 이 식에서 E는 에너지를 나타내고, m은 질량, c^2은 빛의 속도를 제곱한 것이다. 이 식은 질량과 에너지는 같다는 뜻이다. c^2은 정말 엄청나게 큰 숫자이기 때문에, 모든 물질에 담겨 있는 에너지의 양은 그야말로 엄청나다.

폭발력

여러분의 몸집이 평균 정도라면 여러분의 몸에는 엄청난 수의 수소폭탄이 가지는 위력에 해당하는 퍼텐셜 에너지가 있다. 만약 그렇게 하고 싶다면 말이다! 모든 것에는 내부에 그런 종류의 에너지가 들어 있다.

질량에서 에너지로

무엇보다도 아인슈타인의 이론은 전자기 복사가 어떻게 작동하고, 얼음 조각처럼 녹지도 않는 우라늄 덩어리가 어떻게 일정한 속도로 엄청난 양의 에너지를 방출할 수 있는가를 설명해주었다. 그의 이론은 별들이 수십억 년간 불타면서도 연료가 바닥나지 않는 이유까지 설명해주었다. 아인슈타인은 간단한 식을 통해서 지질학자와 천문학자들이 단숨에 수십억 년의 우주 역사를 이야기할 수 있도록 했다.

너무 뛰어난 사람

순식간에 보통 사람들은 아인슈타인의 이론을 이해할 수 없다는 소문이 퍼졌다. 과학자들마저도 나노초가 길다고 느껴질 정도의 시간 안에 사건들이 일어났다가 사라지는 입자와 반입자의 세계에서 길을 잃고 헤매고 있었다. 특히 상대성 이론은 수식이 많고 복잡한 수학이 문제가 아니었다. 어느 부분에서는 아인슈타인도 다른 사람들의 도움이 필요했다. 진짜 문제는 상대성 이론이 사람들의 직관에 완전히 어긋난다는 것이었다.

상대성 이론

수학자이자 철학자인 버트런드 러셀은 사람들에게 길이가 100미터인 기차가 빛의 속도의 60퍼센트로 움직이는 모습을 상상해보도록 했다. 승강장에 서서 그 기차가 지나가는 것을 보는 사람에게는 그 기차가 80미터로 줄어든 것처럼 보이고, 기차 안의 모든 것들도 같은 정도로 압축된 것처럼 보인다.

만약 우리가 기차 승객의 말을 들을 수 있다면, 녹음기를 느리게 틀어놓은 것처럼 말이 느리게 느껴지고, 승객들의 움직임도 답답하게 느껴질 것이다. 기차에 있는 시계도 보통 속도의 5분의 4로 움직이는 것처럼 보일 것이다. 그런데 기차 안에서는 모든 것이 정상으로 보인다. 이상하게 압축되고, 느리게 움직이는 것처럼 보이는 것은 승강장에 서 있는 우리일 것이다.

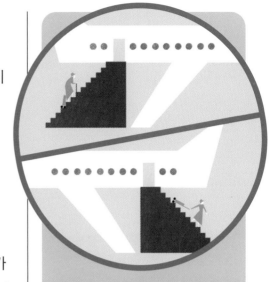

빛의 속도가 일정하다는 증거는 실제로 여러분이 움직일 때마다 나타난다. 런던발 뉴욕행 비행기에서 내린 사람은 런던에 남아 있는 친구들보다 수천억분의 1초 정도 젊어진다.

그런 변화는 우리가 알아내기에는 너무나도 작지만, 우주에 존재하는 빛, 중력, 그리고 우주 자체에는 그런 차이가 심대한 결과를 초래한다.

아인슈타인은 공간과 시간이 고정되어 있는 것이 아니라 관찰자와 관찰되는 것 모두에게 상대적이라고 말했다. 사실, 이제 우리가 살펴보겠지만 시간은 모양도 가지고 있다.

휘어지는 시공간

아인슈타인이 제시한 가장 획기적인 개념은 시간이 공간의 일부라는 사실이다. 우리는 본능적으로 시간은 절대 방해할 수 없다고 믿는다. 아인슈타인에 따르면, 사실 시간은 변화하는 것이고, 실제로 끊임없이 변화하고 있다. 심지어 **모양**도 가지고 있다.

시간 휘어짐

그것은 태양과 같은 무거운 물체 (쇠구슬)가 시공간(물질)에 미치는 효과와 비슷하다. 무거운 물체가 시공간을 늘어나고, 휘어지고, 구부러지게 만든다. 훨씬 작은 구슬을 그런 평면에 굴리면, 구슬은 직선을 따라 움직이려고 하지만, 무거운 물체 가까이에서는 아래로 처진 평면의 기울기 때문에 무거운 물체 쪽으로 이끌리게 된다. 그것이 바로 시공간의 휘어짐에 의해서 생기는 중력이다.

중력으로 돌아가기

시공간을 설명하는 일반적인 방법은, 매트리스나 고무판처럼 쉽게 휘어지는 평면에 쇠구슬처럼 무겁고 둥근 물체가 올려져 있는 장면을 상상하는 것이다. 그런 평면은 쇠구슬의 무게 때문에 조금 늘어나서 밑으로 처지게 된다.

움직이는 우주

베스토 슬라이퍼라는 우주적 이름을 가진 천문학자(사실 그는 외계가 아니라 미국 인디애나 출신이다)가 먼 곳의 별에서 오는 빛을 분광기로 분석하던 중에 별들이 우리에게서 멀어지는 것처럼 보인다는 사실을 발견했다.

슬라이퍼가 관찰하던 별들은 포뮬러 1 자동차들이 경주장을 빠르게 달려갈 때 들리는, 특유의 길게 늘어난 '예~음~' 소리의 확실한 흔적을 보여주었다. 그런 현상은 빛에서도 나타나며, 멀어져가는 은하에서는 적색 편이라고 부른다. 슬라이퍼는 최초로 빛에서 그런 효과를 관찰했고, 그것이 우주의 움직임을 이해하는 중요한 단서라는 사실을 인식했다. 우주는 정적(靜的)이지 않았다. 별과 은하들은 가시광선을 내놓으면서 움직이고 있는 것이 분명했다.

적색 편이

우리에게서 멀어져가는 빛은 스펙트럼의 붉은색 쪽으로 이동한다. 다가오는 빛은 푸른색 쪽으로 이동한다.

예~음~!

오스트리아의 물리학자 요한 크리스티안 도플러가 그의 이름이 붙은 효과를 처음 관찰했다. 간단히 말해서, 움직이는 물체가 정지해 있는 물체에 접근하면, 그 음파가 뭉쳐진다는 것이다. 그런 음파가 여러분의 귀와 같이 음파를 수신하는 장치에 도달하면 압축이 된다. 그러면 여러분은 음정이 높아진 것('예~')처럼 느낀다. 음원이 멀어져가면, 음파가 퍼지고 늘어나서 음정이 낮아진 것('음~')처럼 들린다.

정말 큰 그림

미국의 에드윈 허블은 아인슈타인보다 10년 늦게 태어났다. 그는 우주에 대해서
가장 근원적인 두 가지 문제에 도전해서 20세기의 가장 뛰어난 천문학자가 되었다.
우주는 얼마나 오래되었고, 정확하게 얼마나 클까?

헨리에타 스완 레빗은 별들의
사진판을 연구했다. 그녀는
하늘에서 일정한 점 역할을 하는
별들을 발견해서 '표준 촛불'
이라고 불렀다. 그녀는 그런
별들을 더 큰 우주를 측정하는
방법으로 사용했다.

'촛불 길잡이'

두 문제를 해결하기 위해서는 어떤 은하들이 얼마나 멀리 떨어져 있고,
우리로부터 얼마나 빨리 멀어지고 있는가를 밝혀내야만 했다. 적색 편이는
은하가 멀어져가는 속도를 알려주기는 하지만, 얼마나 멀리 있는지는 알려주지
않는다. 그것을 알아내기 위해서는 밝기를 분명하게 계산할 수 있고, 다른
별들의 밝기와 상대적인 거리를 측정하는 기준으로 사용할 수 있는
'표준 촛불'이 필요했다.

허블은 베스토 슬라이퍼의 간편한 적색 편이와 뛰어난 여성 천문학자
헨리에타 스완 레빗의 성과를 이용하여 우주에서 선택한 점까지의 거리를
측정했다. 그는 1923년에 M31이라고 알려진 안드로메다 자리의 희미한
점이 가스 구름이 아니라 별들의 덩어리라는 사실을 밝혀냈다. 또한 그
자체가 지름이 10만 광년이나 되고, 적어도 90만 광년이나 떨어져 있는
은하라는 사실을 확인했다.
우주는 누구도 상상하지 못할 정도로 광대했다.

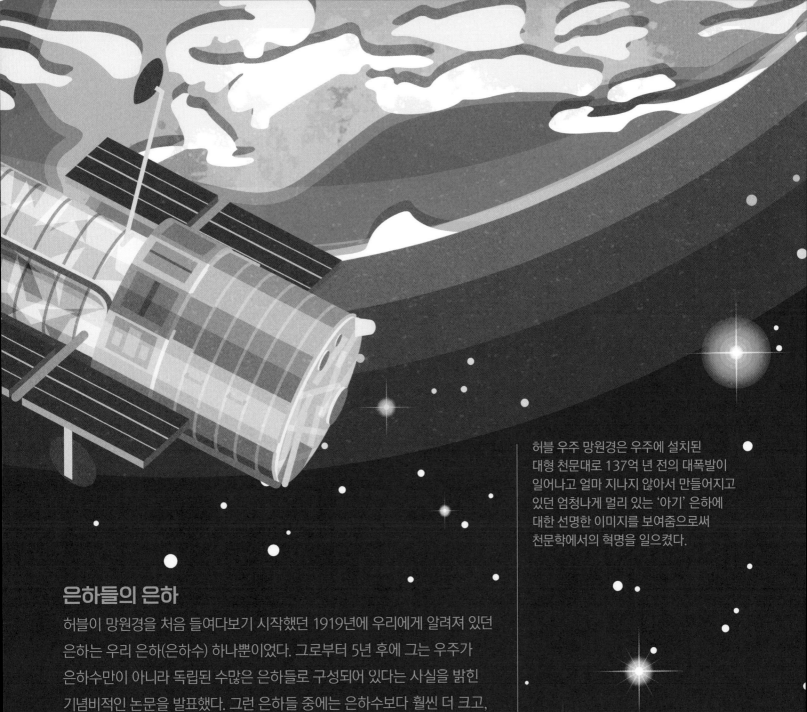

허블 우주 망원경은 우주에 설치된
대형 천문대로 137억 년 전의 대폭발이
일어나고 얼마 지나지 않아서 만들어지고
있던 엄청나게 멀리 있는 '아기' 은하에
대한 선명한 이미지를 보여줌으로써
천문학에서의 혁명을 일으켰다.

은하들의 은하

허블이 망원경을 처음 들여다보기 시작했던 1919년에 우리에게 알려져 있던
은하는 우리 은하(은하수) 하나뿐이었다. 그로부터 5년 후에 그는 우주가
은하수만이 아니라 독립된 수많은 은하들로 구성되어 있다는 사실을 밝힌
기념비적인 논문을 발표했다. 그런 은하들 중에는 은하수보다 훨씬 더 크고,
훨씬 더 멀리 있는 것들도 많았다. (오늘날 천문학자들은, 눈으로 볼 수 있는
우주에만 1,400억 개의 은하가 있다고 믿는다.)

팽창하는 우주

허블은 도대체 우주가 얼마나 큰가라는 문제에 도전해서 더욱 놀라운 사실을
발견했다. 허블은 슬라이퍼가 했던 것처럼 멀리 떨어진 은하의 스펙트럼을
측정하기 시작했다. 그는 새로 제작된 2.5미터 망원경으로 하늘에 있는
(우리 은하수를 제외한) 모든 은하가 우리로부터 멀어져가고 있다는 사실을
밝혀냈다. 은하가 멀어져가는 속도는 분명하게 거리에 비례했다. 멀리 있는
은하가 더 빨리 멀어진다. 허블은 정말 놀라운 사실을 발견했다. 우주는 아주
빠른 속도로 모든 방향으로 균일하게 팽창하고 있었다.

우주는 모두가 늘 상상했던
것처럼 안정되고, 고정되어
있으며, 영원히 텅 비어 있는
공간과는 거리가 멀다. 우주에는
태초가 있었다. 따라서 종말이
존재할 가능성도 있다.

'고약한' 과학

만약 모든 것을 토머스 미즐리 2세에게 맡겨두었더라면, 지구의 종말은 지금 상상할 수 있는 것보다 훨씬 더 빨리 닥쳐왔을 것이다. 정식 교육을 받지 않은 기술자였던 그가 만약 그런 상태로 남았더라면, 세상은 분명 훨씬 더 안전한 곳이 되었을 것이다. 그러나 그는 화학을 산업적으로 응용하는 일에 흥미를 가졌고, 그 결과 지구에 엄청난 피해를 입혔다.

납이 위험한 물질이라는 사실은 널리 알려져 있었지만, 20세기에도 많은 소비재에 납이 들어 있었다. 음식물을 넣은 통조림 캔도 납으로 땜질을 했다. 물을 넣는 물 탱크도 납으로 도금을 했다. 살충제로 납을 과일에 뿌리기도 했다. 치약 튜브에도 납을 사용했다.

좋은 소식

대부분의 나라에서 유연 휘발유의 사용이 금지되면서, 사람들의 혈액에 들어 있는 납의 농도가 놀라울 정도로 떨어졌다. 그러나 납은 대기 중에 영원히 남는다. 그래서 현대 미국인들은 한 세기 전의 사람들보다 혈액 속의 납 농도가 625배나 높다. 안타깝게도 여전히 납을 사용하는 산업 때문에 대기 중 납의 양은 매년 수십만 톤씩 늘어나고 있다.

사람 죽이기

1921년 미국 오하이오 주의 데이턴에 있는 제너럴 모터스 연구소에서 근무하던 미즐리는 테트라에틸 납이라는 화합물을 연구하던 중에 그것이 노킹이라고 알려진 자동차 엔진의 심한 흔들림을 줄여준다는 사실을 발견했다. 그러나 그는 자동차 연료에 넣은 납이 사람의 뇌와 중추신경계에 회복 불가능한 손상을 입힐 수 있다는 사실을 무시했다. 납 중독 증상에는 시력 상실, 불면증, 콩팥 기능 상실, 청신경 상실, 암, 마비, 경련 등이 있다. 극단적인 경우에는 갑자기 극심한 환상에 시달리다가 결국은 혼수상태에 빠져서 사망에 이르게 된다.

반면 납은 쉽게 추출해서 가공할 수 있기 때문에 산업적으로 생산하면 큰 이익을 남길 수 있는 물질이었고, 테트라에틸 납은 엔진의 노킹 현상을 막아주는 것이 틀림없었다. 그래서 1923년에 미국의 가장 큰 기업 세 곳이 전 세계인이 구입할 수 있을 만큼의 테트라에틸 납을 생산했고, 그것을 휘발유에 넣기 위해서 에틸 가솔린 사를 설립했다.

곧바로 생산현장의 작업자들이 병들기 시작했다. 위험에 대한 소문이 퍼져나가자, 에틸을 개발한 토머스 미즐리는 그것이 위험하지 않다는 사실을 확인시켜주기 위해서 자신의 손에 에틸 납을 붓기도 하고, 60초 동안 그것이 담긴 비커를 코에 대는 모습도 보여주었다. 사실 미즐리는 납 중독의 위험성을 너무나도 잘 알고 있었다. 몇 달 전에 그 자신이 과다 노출로 심각하게 아팠고, 가능하다면 그 근처에는 가지도 않으려고 했다.

대기 죽이기

유연 휘발유의 성공으로 들뜬 미즐리는 당시의 또다른 기술적
문제에 도전했다. 1920년대의 냉장고는 독성이 강한 가스가
새어나올 가능성이 있는 매우 위험한 기계였다. 미즐리는 안정하고,
불연성이고, 부식성이 없으며, 호흡으로 들이마셔도 괜찮은 가스를
개발하는 일을 시작했다. 후회하게 될 일을 해내는 능력자인 그는
클로로플루오로탄소(CFC)를 발명했다. 반세기도 지나지 않아서
과학자들은 CFC가 성층권의 오존층을 파괴한다는 사실을 알아냈다.
1킬로그램의 CFC는 대기 중의 오존 7만 킬로그램을 포획해서
파괴시킬 수 있고, 이산화탄소보다 약 1만 배나 더 많은 피해를 준다.

나쁜 소식

대부분의 나라에서는 CFC를
금지했다. 그러나 CFC는 집요한
작은 악마여서 앞으로도 수십 년간
오존을 파괴할 것이 거의 확실하다.
더욱 고약한 사실은 우리가 여전히
매년 엄청난 양의 CFC를 대기
중으로 배출하고 있다는 것이다.
CFC는 여전히 생산되고 있고, 일부
개발도상 국가에서는 2030년까지는
폐지하지 않을 것이다. 그러나 2016
년에 발표된 논문에 따르면, 오존의
농도는 아주 느린 속도로 증가하고
있어서 CFC의 금지와 규제가 도움이
되고 있다는 사실이 확인되었다.

결국 CFC는 20세기
최악의 발명품으로
밝혀질 수도 있다.

연약한 친구

오존은 2개의 산소 원자로 구성된 보통의
산소와는 달리 3개의 산소 원자로 된 산소의
한 형태이다. 오존은 지상에서는 오염
물질이지만, 저 높은 곳의 성층권에서는
태양에서 방출되는 위험한 자외선을
흡수하고, 지구가 과열되는 것을
막아주는 좋은 일을 한다. 그러나
그것이 엄청나게 많은 것은 아니다.
성층권에 있는 오존을 전부 해수면으로
가져오면, 그 두께는 2밀리미터에
불과하다.

인공위성 관측

지표면에서 13킬로미터와 21킬로미터
사이에 있는 오존층은 인공위성에 설치된
장비로 관측한다. 2005년에 NASA가
찍은 이 사진은 오존 구멍의 크기를
보여준다. 오존 구멍은 약 1,700만
제곱킬로미터 크기의 남극 대륙
전체를 덮고 있다. 파란색과
보라색은 오존이 가장 적은
지역이고, 녹색과 노란색은
오존이 더 많은 곳이다.

우주에서 온 운석의 시대

1940년대에 들어서 과학자들은 마침내 지구의 나이를 알아내는 일에 가까이 다가가게 되었다. 월러드 리비라는 과학자는 뼈나 유기물 잔해의 연대를 정확히 읽는 방법인 탄소 연대 측정법 개발에 몰두하고 있었다. 그런 일은 과거에는 전혀 할 수 없던 것이었다.

우라늄은 약 66억 년 전의 초신성 폭발에서 형성되었을 것으로 보이는 아주 무거운(밀도가 높은) 금속이다. 우라늄은 지각에 있는 다양한 암석에서 발견되는 방사성 원소이다.

탄소 연대 측정

리비의 방법은 모든 살아 있는 생물체는 죽는 순간부터 몸에 들어 있는 탄소-14라는 동위원소가 정확하게 측정할 수 있는 속도로 붕괴된다는 사실을 근거로 했다. 탄소-14 원자의 절반이 5,600년에 걸쳐서 붕괴되기 때문에 그 기간을 반감기라고 한다. 리비는 주어진 시료에 들어 있는 탄소-14 중에서 얼마만큼이 남았는지를 알아냄으로써 그 시료의 나이를 알 수 있었다. 그러나 그런 방법은 4만 년 정도까지의 물체에만 사용할 수 있다.

사실 탄소 연대 측정은 물론이고 그 이후에 개발된 다른 모든 방법에도 많은 문제가 있었다. 아무리 좋은 방법으로도 20만 년 이상 된 것의 연대를 알아낼 수는 없었다. 가장 심각한 문제는 이런 방법으로는 지구의 나이를 측정하는 데에 필요한 암석과 같은 무기물의 연대를 측정할 수 없다는 것이었다.

광석의 연대 측정

그래서 해결책을 찾아내는 일은 클레어 패터슨이라는 사람에게 남겨졌다. 그는 1948년부터 특별히 선택한 암석에 들어 있는 납-우라늄 비율을 정확하게 측정하는 연구 과제를 시작했다. 그런 암석들은 지극히 오래된 것으로, 지구만큼이나 오래된 납과 우라늄이 포함된 결정이 들어 있어야만 했다. 그보다 연대가 짧은 암석을 사용하면 잘못된 결과를 얻게 될 것이 분명했다. 정말 오래된 암석은 지구에서 찾아내기가 매우 어렵다는 것이 패터슨의 문제였다.

운석 측정

결국 패터슨은 지구 바깥에서 유래한 암석을 사용해 시료 부족으로 인한 문제를 해결할 수 있다는 천재적인 생각을 떠올렸다. 그는 운석을 시료로 선택했다. 훗날 사실로 밝혀지기는 했지만, 당시로서는 과감한 가정을 도입했다. 그는 운석 대부분이 태양계의 초기에 행성을 만들고 남은 것이기 때문에 본래의 특성을 비교적 잘 보존하고 있을 것이라고 생각했다. 그런 운석의 연대를 측정하면, 지구의 나이도 정확하게 알 수 있을 것이라고 믿었다.

마침내 시료를 찾아 분석 준비를 마치기까지 패터슨은 7년 동안 작업해야 했다. 비로소 그는 오래된 결정 속에 미량의 우라늄과 납이 갇혀 있는 시료를 얻었고, 지구의 나이가 정확하게 45억5,000만 년(±7,000만 년)이라고 전 세계에 밝힐 수 있었다. 그 숫자는 오늘날에도 사용되고 있다.

운석은 밀리미터보다 더 작은 크기에서부터 럭비 공 정도까지의 크기이고, 더 큰 것도 있다. 유성이 지구의 대기권에 들어오면 하늘을 가로지르면서 빛을 발산한다. 그것이 땅에 떨어지면 운석이라고 부른다.

마침내 지구의 나이를 알게 된 것이다!

73

지금까지 우리는…

이야기를 시작할 때, 우리는 지구가 얼마나 크고, 얼마나 둥글고, 얼마나 무겁고, 태양계의 이웃으로부터 얼마나 멀리 떨어져 있는지에 대해서는 확실한 사실을 알고 있었다. 그러나 과학자들이 놓친 한 가지 사실은 바로 지구가 얼마나 오래되었느냐는 것이었다. 수많은 뼈와 많은 화학을 통해서 마침내 그 답을 찾았다.

지금까지 알아낸 것들

- 모든 물질은 원자로 구성되어 있다.
- 원소라고 알려진 물질이 지구와 대기를 구성한다.
- 오래된 동물과 식물의 잔해로 만들어진 것이 화석이다.
- 화석은 지구를 구성하는 암석의 연대 측정에 도움이 될 수 있다.
- 지구는 아주 오래되었다. 실제로 45억5,000만 년이나 되었다.
- 은하들은 끊임없이 옮겨다니고 움직인다.

몇 가지 사실을 밝혀낼 수 있도록 도와준 훌륭한 지질학자, 물리학자, 화학자, 천문학자들 덕분에 우리는 먼 길을 올 수 있었다.

지구의 나이는?

1785 제임스 허턴은 아주 긴 시간에 걸친 지구의 내부 격변에 의해서 지구의 모습이 만들어졌고, 지구는 어느 누가 상상했던 것보다 훨씬 더 오래되었을 것이라고 주장했다. 그의 아이디어 덕분에 지질학이 탄생할 수 있었다.

1795 조르주 퀴비에가 화석화된 유골을 끼워맞춰서 마스토돈이라고 부르는 동물을 재현했다.

1796 윌리엄 스미스가 암석층에 묻힌 화석을 지구의 연대 결정에 사용할 수 있다고 주장했다.

1807 영국 런던에서 신사들이 만찬을 하면서 과학 분야의 최신 유행이던 지질학에 대한 대화를 나누는 지질학회가 설립되었다.

1808 존 돌턴이 원자가 크기와 모양을 가지고 있고, 서로 결합될 수 있다는 사실을 확인했다.

1812 메리 애닝이 화석을 찾아 끼워맞춰서 암석 연대 측정의 과학에 엄청난 기여를 했다.

1830-33 찰스 라이엘이 지구가 느린 속도로 오랜 시간 진화해왔으며, 지리학과 지질학적 근거를 찾을 수 있다고 주장했다.

1869 드미트리 이바노비치 멘델레예프가 알려진 원소들로 주기율표를 만들었다.

1890년대 피에르와 마리 퀴리가 방사선을 발견했지만, 그것이 건강에 얼마나 유해한지 알아내지는 못했다.

1905 알베르트 아인슈타인이 시간과 공간을 어떻게 판단해야 하는지를 설명하는 상대성 이론을 만들고, 에너지가 어떻게 방출되는지 설명하는 $E = mc^2$을 밝혀냈다.

1912 베스토 슬라이퍼가 처음으로 별들의 스펙트럼이 푸른색에서 붉은색으로 이동한다는, 은하의 적색 편이를 발견했다.

1923 토머스 미즐리가 CFC와 납으로 지구에 큰 상처를 입혔다.

1930년대 에드윈 허블이 우주가 움직이는 은하와 팽창하는 은하로 가득하다는 사실을 확인했다.

1956 클레어 패터슨이 지구의 나이가 45억5,000만 년임을 밝혀냈다.

아직 밝혀내지 못한 것들

이런 모든 것의 결과는 우리가 나이를 정확하게 계산할 수 없는 우주에서, 우리로부터는 물론이고 서로 얼마만큼 떨어져 있는지도 전혀 모르는 별들에 둘러싸이고, 정체를 알아낼 수 없는 물질로 채워져서, 성질을 정확하게 이해하지 못하는 물리법칙에 의해서 작동되면서 살고 있다는 뜻이다.

그래서 다시 지구로 돌아가서 우리가 이해하고 있다고 여기는 것들에 대해서 생각해보자.

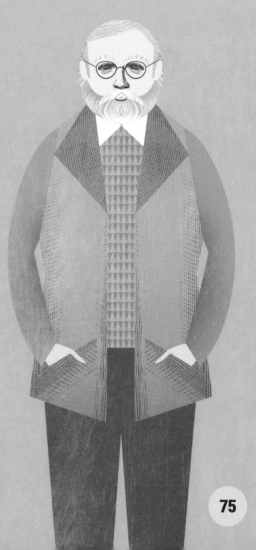

떠돌이 삼엽충

20세기 초의 지질학자들은 암석과 화석으로부터 지구가 얼마나 오래되었는지를 밝혀내려고 했다. 그러나 그들은 지구에 대해서도 완벽하게 알지 못했다. 독일의 기상학자 알프레트 베게너는 헤엄을 쳐서 건너기에는 너무 넓은 바다 건너편에서 일부 동물들의 화석이 자꾸만 발견되는 이유가 궁금했다.

달팽이와 유대류

베게너는 이런 문제에 대해서 알고 싶었다. 유대류(有袋類)가 어떻게 남아메리카에서 오스트레일리아로 옮겨갔을까? 스칸디나비아와 아메리카의 동부 해안에 어떻게 똑같은 종류의 달팽이가 살게 되었을까? 유럽에서 잘 알려진 삼엽충의 1종이 뉴펀들랜드에서, 그것도 섬의 한쪽에서만 발견되는 이유는 무엇일까? 3,000킬로미터가 넘는 대양을 건너간 달팽이가, 폭이 300킬로미터에 불과한 섬의 반대편으로 퍼져나가지 못한 이유는 무엇일까? 유럽과 북아메리카의 태평양 북서 해안을 제외한 다른 곳에서는 발견되지 않은 또다른 삼엽충의 1종은 설명하기가 더 어려웠다.

대륙이 움직인다

그는 세계의 대륙들이 한때는 판게아(Pangaea)라고 부르는 하나의 대륙이었기 때문에 동식물들이 서로 섞일 수 있었고, 그후에 대륙들이 서로 떨어져서 지금의 위치로 이동했다는 이론을 정립했다. 불행히도 그는 땅덩어리가 어떻게 움직일 수 있었는지에 대한 분명한 설명을 제시하지 못했기 때문에, 대부분의 과학자들은 대륙들이 영원히 지금의 자리를 지키고 있었다는 믿음을 버리지 않았다.

당시에는 두 가지 설명이 유행했다.

1. 구운 사과 이론

이 이론에 따르면, 녹아 있던 지구가 냉각되면서 마치 구운 사과처럼 주름이 생겨서 바다와 산맥이 만들어졌다. 이 이론은 주름이 지구 표면에 일정한 간격으로 생기지 않은 이유는 물론이고, 지구가 냉각되었다고 하면서도 여전히 내부에 많은 열이 남아 있는 이유를 설명하지 못했다.

2. 육교 이론

이 이론에 따르면, 한때는 해수면이 훨씬 낮아서 대륙들 사이에 육교가 존재했기 때문에 동식물들이 대륙들 사이를 옮겨다닐 수 있었다. 필요할 때마다 고대의 '육교'가 존재했다고 믿었다. 히파리온이라는 고대 말[馬]이 같은 시기에 프랑스와 플로리다에서 살았다는 사실이 밝혀졌을 때는 대서양을 가로지르는 육교를 그려넣었다. 남아메리카와 동남 아시아 지역에서 맥류에 속하는 동물들이 같은 시기에 살고 있었다는 사실이 밝혀졌을 때도 그곳에 육교를 그려넣었다. 결국 선사시대의 바다는 대부분 북아메리카와 유럽, 브라질과 아프리카로 이어지는 육교로 채워져 있었다.

이곳에서 저곳으로

지금도 과학자들은 고대 세계에 살았던 동식물 종들이 없어야 할 곳에서 나타나고, 있어야 할 곳에서는 나타나지 않는 문제에 대해서 고민하고 있다. 트라이아스기에 살았던 리스트로사우루스라는 파충류는 남극 대륙에서부터 아시아에 이르는 모든 지역에서 발견되지만, 남아메리카와 오스트레일리아에서는 발견된 적이 없다.

껍질이 으드득

1908년에 프랭크 버슬리 테일러라는 미국의 지질학자는 아프리카와
남아메리카의 마주 보는 해안선의 모습이 닮았다는 사실에 흥미를 가지게 되었다.
두 대륙은 한때 서로 붙어 있지 않았을까?

아프리카

남아메리카

부딪치는 산들

테일러는 대륙들이 한때는 움직이면서 서로 미끄러지고,
부딪치기도 했을 것이라고 생각했다. 세계의 산맥들이
솟아오르게 된 것도 그런 강력한 충돌 때문이라고
보았다. 그러나 증거가 될 만한 것을 제시하지 못했기
때문에 그의 이론은 엉터리라며 무시되었다! 오늘날,
판 구조론의 시대에 살고 있는 우리는 그의 주장이 얼마나
정확했는지를 알고 있다.

갈라지고 부딪치는 대륙들

지구의 전체 지각은 움직이고 있으며, 지각판이라고 알려진 것이 표면층을
이루고 있다. 지각은 8-12개의 대형 판과 20개 정도의 소형 판으로
구성되어 있다. 크고 비교적 활동이 없는 것도 있고, 작고 에너지가
충만한 것들도 있지만, 모든 판들이 서로 다른 방향과 서로 다른 속력으로
움직인다. 끊임없이 일어나는 변화 때문에 하나의 거대하고 움직일 수 없는
판으로 뭉쳐지지는 못한다.

이런 움직임은 지금도
일어나고 있다. 우리가 앉아
있는 동안에도 대륙들은
정말 연못 위의 나뭇잎처럼
떠다닌다.

2억2,500만 년 전

1억3,500만 년 전

현재

돌들이 떠다닌다

현재의 대륙과 과거의 대륙 사이의 관계는 상상하는 것보다
훨씬 더 복잡하다. 중앙 아시아에 있는 카자흐스탄은 한때
노르웨이와 미국의 뉴잉글랜드에 붙어 있었다. 뉴욕의
한 부분은, 그 부분만 유럽에서 떨어져나온 것이다.
매사추세츠 해변의 자갈과 가장 흡사한 것은
오늘날의 아프리카에 있다.

그런 판들의 크기와 모양은 그 위에 놓여 있는
대륙과 반드시 특별한 관계를 맺고 있지는
않다. 예를 들면, 북아메리카 판은 북아메리카
대륙보다 훨씬 더 크다. 아이슬란드는
가운데를 중심으로 둘로 나누어져서 반은
아메리카에 속하고, 나머지 반은 유럽에 속한다.
한편 뉴질랜드는 인도양과는 멀리 떨어져 있음에도
불구하고 거대한 인도양 판의 일부이다.

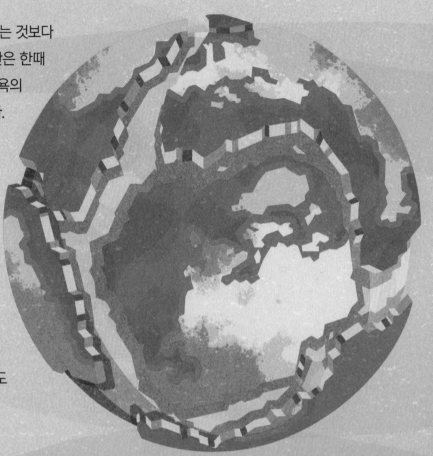

모든 것들이 변한다!

우리는 지구 위치 파악 시스템(GPS) 덕분에 유럽과 북아메리카가 손톱이
자라는 속도로 움직여서 사람의 평균 일생 동안 대략 2미터씩 멀어지고 있다는
사실을 알 수 있다. 결국 캘리포니아 주의 대부분은 떨어져나가서 태평양의
섬이 될 것이다. 아프리카는 수백만 년간 유럽과 느린 속도로 충돌해서
알프스와 피레네 산맥을 밀어올리고 있다. 지중해는 사라질 것이고, 파리에서
캘커타에 이르는 지역에 히말라야와 같은 거대한 산맥이 솟아오르면서,
그리스와 터키에 지진을 일으킬 것이다. 오스트레일리아는 아시아에 붙을
것이다. 대서양은 확대되어서 태평양보다 훨씬 더 커질 것이다.

지구의 지각은 하나의 완전한 층이
아니다. 깨진 달걀 껍데기처럼 떠다니는
몇 개의 크고 작은 지각판들로 되어
있다. 갑자기 오늘날 지구 전체의 모습을
설명할 수 있게 되었다.

1억5,000만 년 후

2억5,000만 년 후

지구 전체를 바라볼 때
여러분이 실제로
보는 것은, 지구 역사의
0.1퍼센트에 불과한 기간
동안에만 존재하게 될
대륙의 스냅 사진이다.

모든 것이 떠다닌다

화석이 떠돌아다니는 이상한 일 이외에도 아무도 해결하지 못한 지구 이론의 또다른 중요한 문제가 있었다. 도대체 그 많은 양의 퇴적물들이 모두 어디로 갔는가 하는 문제였다. 매년 지구의 강들은 5억 톤의 칼슘을 포함해서 엄청난 양의 침식물을 바다로 흘려보낸다.

모두 어디로 갔을까?

퇴적의 속도에 그런 퇴적 작용이 지속되었던 기간을 곱하면 바다 밑 퇴적층의 높이는 대략 20킬로미터나 된다. 다시 말해서, 지금쯤이면 바다 밑이 해수면보다 훨씬 높은 곳까지 솟아 있어야 한다는 뜻이다.

대서양의 놀라움

19세기에 영국에서 미국까지 해저 케이블을 설치하던 사람들은 대서양 한가운데에 산처럼 솟아오른 부분이 있다는 사실을 알아냈다. 전체적인 규모는 깜짝 놀랄 정도였다. 도저히 설명할 수 없는 물리학적인 특이점들도 발견되었다. 폭이 최대 20킬로미터나 되는 해구(海溝)라는 계곡이 있었던 것이다. 테니스 공에 생긴 무늬처럼 세계의 바다 밑을 따라서 해구가 이어졌다. 가끔씩 높은 봉우리들은 물 밖으로 솟아나와 태평양의 아조레스나 카나리아 제도, 또는 하와이와 같은 섬이나 군도(群島)를 이루기도 한다. 수천 길의 짠 바닷물 속에 아무도 모르게 감춰진 가지들까지 모두 합치면 그 길이가 무려 7만5,000킬로미터에 이른다.

바닷속에 솟은 산

1950년대에 해양학자들은 바다 밑에 대한 더욱 정교해진 탐사를 계속했다. 그런 과정에서 그들은 바다 밑의 거의 모든 곳이 계곡, 협곡, 크레바스로 가득하고, 곳곳에 화산 활동의 증거들이 널려 있다는 사실을 알아냈다. 그들은 지구에서 가장 크고 거대한 산맥은 대부분 바다 밑에 있다는 더욱 놀라운 사실도 발견했다.

다시 땅속으로

그러다가 1963년에 드러먼드 매슈스와 프레드 바인이라는 두 지구물리학자들이 결국 문제를 해결했다. 바다의 바닥이 갈라져서 확장되고 있다는 사실을 밝혀낸 것이다. 예를 들면, 대서양의 바닥은 2개의 거대한 컨베이어 벨트처럼 움직이고 있다. 하나는 지각을 북아메리카 쪽으로 밀어붙이고, 다른 하나는 유럽 쪽으로 밀어붙인다. 중간에 있는 해구의 양쪽에서 새로운 해저 지각이 계속 만들어지고, 이전에 만들어진 지각은 새로 만들어지는 지각에 의해서 바깥쪽으로 밀려난다. 지각이 대륙과의 경계선에서 여행을 멈추면, 다시 땅속으로 들어간다.

> 해저의 끊임없는 확장은 퇴적물들이
> 모두 어디로 갔는지를 설명해준다.
> 그것은 지구의 밥그릇 속으로 되돌아가고 있다.

깊은 곳에서 타오르는 불길

판 구조론은 지구 표면의 움직임뿐만 아니라 화산과 지진 같은 여러 가지 내부 활동들도 설명해준다. 그렇다고는 해도 우리는 발 밑에서 무슨 일이 일어나는지에 대해서 놀라울 정도로 아는 것이 없다.

45분간의 추락

사실 우리는 우리가 살고 있는 지구의 내부보다 태양의 내부에 대해서 더 잘 아는 듯하다. 과학자들은 일반적으로 우리 밑에 있는 세상은 암석으로 된 지각, 뜨겁고 점성이 큰 암석으로 된 맨틀, 액체 상태의 외핵, 고체 상태의 내핵을 비롯한 4개의 층으로 구성되어 있다는 데에 동의한다. 지표면에서 중심까지의 거리는 그렇게 멀지 않은 6,370킬로미터이다. 계산에 따르면, 지구의 중심까지 우물을 파고 벽돌을 떨어뜨리면 바닥에 닿기까지 겨우 45분이 걸린다.

아래로, 아래로, 아래로!

지구의 중심을 뚫고 들어가보려는 우리의 노력은 정말 미미했다. 한두 곳의 남아프리카 금광이 3,000미터까지 들어갔지만, 대부분의 광산은 지표면에서 겨우 400미터를 넘지 않는다. 만약 지구가 사과였다면, 우리는 아직 껍질도 벗겨보지 못한 셈이다. 1962년에 러시아 과학자들은 1만2,000미터까지 시추를 했지만, 이 기록은 지각의 3분의 1에도 미치지 못한 것이었다.

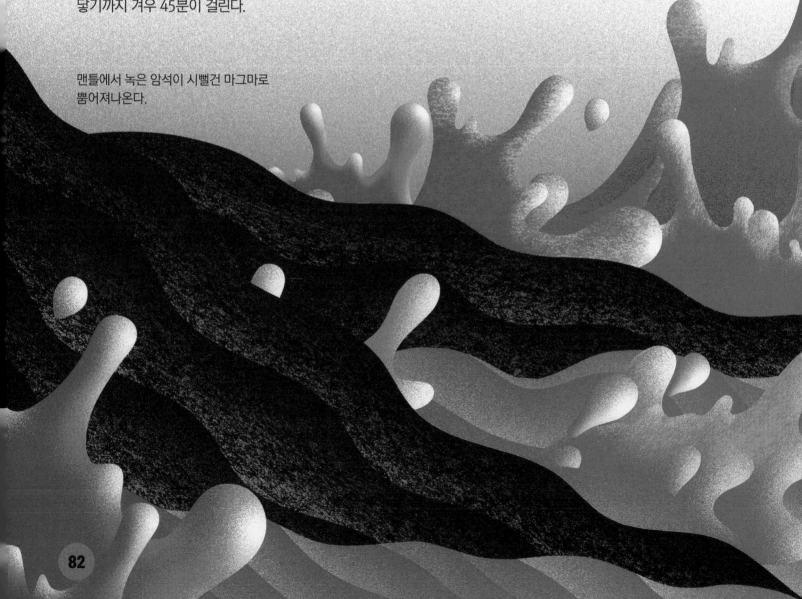

맨틀에서 녹은 암석이 시뻘건 마그마로 뿜어져나온다.

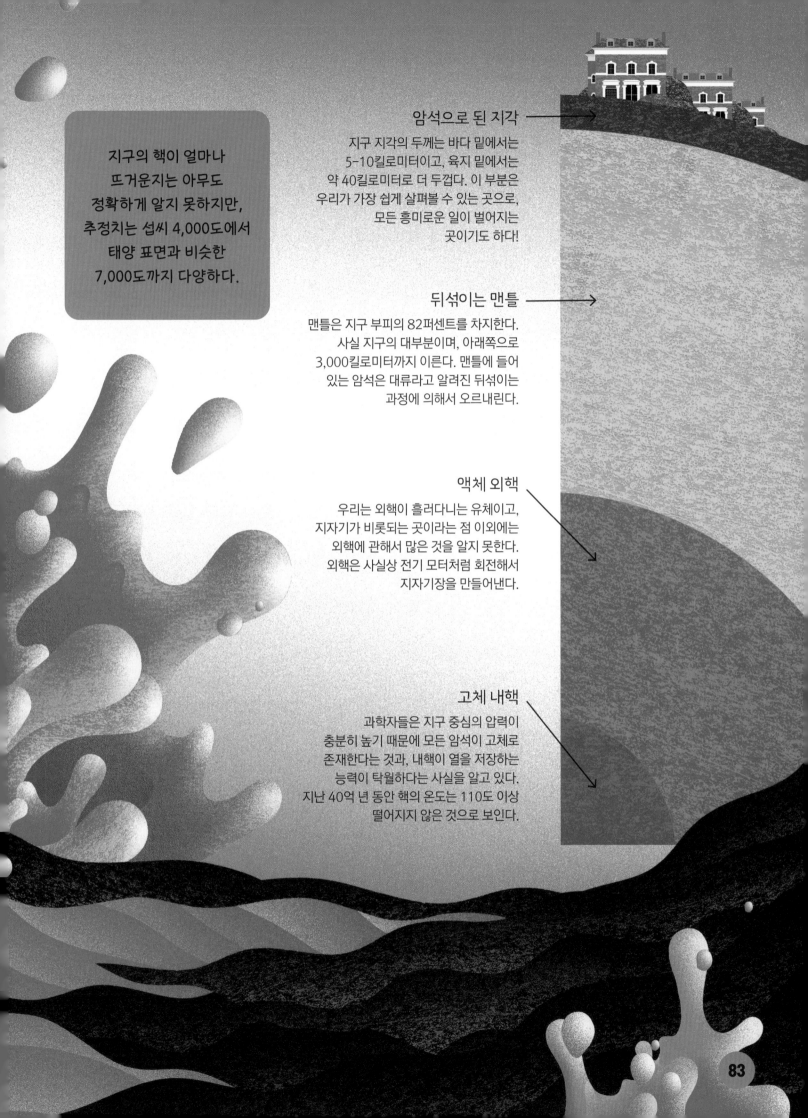

지구의 핵이 얼마나 뜨거운지는 아무도 정확하게 알지 못하지만, 추정치는 섭씨 4,000도에서 태양 표면과 비슷한 7,000도까지 다양하다.

암석으로 된 지각

지구 지각의 두께는 바다 밑에서는 5-10킬로미터이고, 육지 밑에서는 약 40킬로미터로 더 두껍다. 이 부분은 우리가 가장 쉽게 살펴볼 수 있는 곳으로, 모든 흥미로운 일이 벌어지는 곳이기도 하다!

뒤섞이는 맨틀

맨틀은 지구 부피의 82퍼센트를 차지한다. 사실 지구의 대부분이며, 아래쪽으로 3,000킬로미터까지 이른다. 맨틀에 들어 있는 암석은 대류라고 알려진 뒤섞이는 과정에 의해서 오르내린다.

액체 외핵

우리는 외핵이 흘러다니는 유체이고, 지진이 비롯되는 곳이라는 점 이외에는 외핵에 관해서 많은 것을 알지 못한다. 외핵은 사실상 전기 모터처럼 회전해서 지자기장을 만들어낸다.

고체 내핵

과학자들은 지구 중심의 압력이 충분히 높기 때문에 모든 암석이 고체로 존재한다는 것과, 내핵이 열을 저장하는 능력이 탁월하다는 사실을 알고 있다. 지난 40억 년 동안 핵의 온도는 110도 이상 떨어지지 않은 것으로 보인다.

펑! 산이 터진다!

우리가 지구 내부에 대해서 거의 알지 못한다는 사실은 바로 지구가 움직이기 시작할 때 가장 잘 알 수 있다. 1980년 미국 워싱턴의 세인트 헬렌스 화산의 폭발이 좋은 예이다.

최초의 흔들림

세인트 헬렌스 산은 3월 20일부터 불길하게 흔들리기 시작했다. 일주일도 지나지 않아서, 양이 많지는 않지만 하루에 최고 100차례에 걸쳐 용암이 터져나왔고, 지진이 끊임없이 계속되었다. 주민들은 안전한 거리라고 생각되는 13킬로미터 바깥으로 피했다. 세인트 헬렌스 산은 우르릉거림이 심해지면서 세계적인 관광명소가 되었다. 신문에서는 가장 좋은 광경을 볼 수 있는 장소를 소개해주었다. 헬리콥터를 탄 텔레비전 기자들이 거듭해서 산 정상 위로 날아다녔고, 심지어 등산을 하는 사람들도 있었다. 그러나 시간이 흘러도 더 극적인 광경이 펼쳐지지 않자 사람들은 불안해하면서도 화산이 폭발하지 않을 것이라고 믿었다.

그러던 4월 19일에 산의 북쪽 측면이 부풀어올랐다. 놀랍게도 책임 있던 지진학자들은 세인트 헬렌스 산이, 측면으로 폭발한 적이 없었던 하와이의 화산과 같을 것이라고 생각했다. 지질학 교수인 잭 하이드만이 하와이의 화산과 달리 이 산에는 정상에 열린 분출구가 없기 때문에 내부에 압력이 쌓이면 다른 극적인 방법으로 화산이 폭발할 것이라고 주장했다. 그러나 아무도 그의 말에 관심을 보이지 않았다.

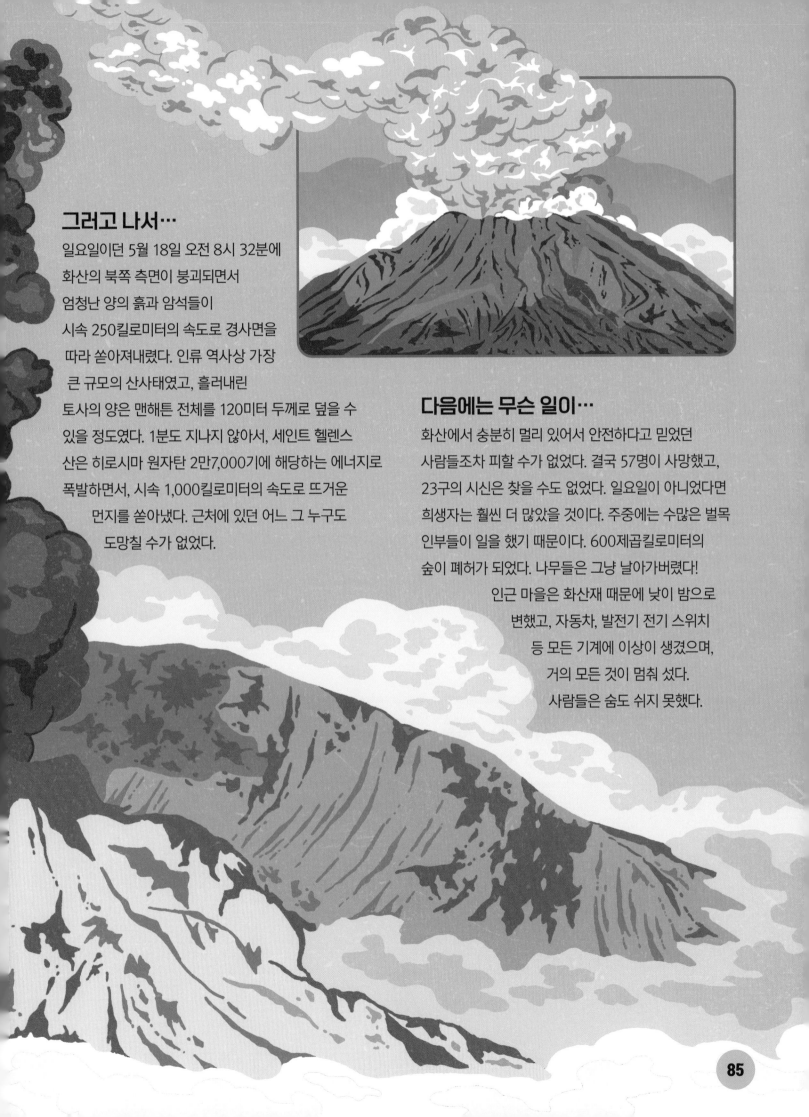

그러고 나서…

일요일이던 5월 18일 오전 8시 32분에
화산의 북쪽 측면이 붕괴되면서
엄청난 양의 흙과 암석들이
시속 250킬로미터의 속도로 경사면을
따라 쏟아져내렸다. 인류 역사상 가장
큰 규모의 산사태였고, 흘러내린
토사의 양은 맨해튼 전체를 120미터 두께로 덮을 수
있을 정도였다. 1분도 지나지 않아서, 세인트 헬렌스
산은 히로시마 원자탄 2만7,000기에 해당하는 에너지로
폭발하면서, 시속 1,000킬로미터의 속도로 뜨거운
먼지를 쏟아냈다. 근처에 있던 어느 그 누구도
도망칠 수가 없었다.

다음에는 무슨 일이…

화산에서 충분히 멀리 있어서 안전하다고 믿었던
사람들조차 피할 수가 없었다. 결국 57명이 사망했고,
23구의 시신은 찾을 수도 없었다. 일요일이 아니었다면
희생자는 훨씬 더 많았을 것이다. 주중에는 수많은 벌목
인부들이 일을 했기 때문이다. 600제곱킬로미터의
숲이 폐허가 되었다. 나무들은 그냥 날아가버렸다!

인근 마을은 화산재 때문에 낮이 밤으로
변했고, 자동차, 발전기 전기 스위치
등 모든 기계에 이상이 생겼으며,
거의 모든 것이 멈춰 섰다.
사람들은 숨도 쉬지 못했다.

거대한 화산 – 옐로스톤

화산을 찾아내는 일을 하며 살아가는 사람들이 있다. 미국 지질조사국의 밥 크리스티안센도 그런 사람들 중 한 명이다.

샤워
크리크 돔

맬러드
호수 돔

옐로스톤 호수

칼데라

옐로스톤 국립공원의 면적은
약 9,000제곱킬로미터이다. 공원의
대부분은 숲이고, 나머지는 초원,
호수, 목초지이다.

칼데라 찾기

1960년대에 밥 크리스티안센은 옐로스톤 국립공원에서 화산을 찾을 수 없다는 사실에 의문을 가지게 되었다. 간헐천과 증기 분출구가 널려 있는 옐로스톤이 화산의 특성을 가지고 있다는 사실은 오래 전부터 알려져 있었고, 그런 곳이라면 당연히 화산을 비교적 쉽게 알아볼 수 있어야 했다. 그러나 그는 어디에서도 옐로스톤 화산을 찾을 수가 없었다. 특히 그는 칼데라라고 알려진 구조를 찾아낼 수 없었다.

지구에서 눈으로 확인할 수 있는 화산은 모두 합쳐서 1만 개 정도이다. 대개 화산에서는 원뿔 모양의 산과 용암이 흘러내린 언덕이 보인다. 대부분의 화산은 사화산(死火山)이기 때문에 더 이상 폭발하지 않는다. 그러나 용암을 분출하지도 않고, 원뿔도 만들지 않는 화산이 있다. 그런 화산도 폭발한다! 그런 화산은 한 번의 강력한 폭발로 칼데라라고 부르는 거대하게 함몰된 구덩이를 만든다. 옐로스톤이 바로 그런 곳이다.

그런데 크리스티안센은 옐로스톤에서 칼데라를 찾을 수가 없었다….

공원에는 전 세계의 온천과 간헐천을
전부 합친 것보다도 더 많은 1만 개의
온천과 간헐천이 있다.

NASA의 구원

마침 NASA는 새로 개발한 고공 카메라를 시험하려고 옐로스톤 국립공원의 사진을 찍었다. NASA의 한 관리가 그 사진을 안내소에 걸어두면 좋을 것이라며 사진을 공원 당국에 보냈다. 크리스티안센은 사진을 보자마자 칼데라를 찾지 못한 이유를 알 수 있었다. 공원 전체가 하나의 칼데라였다! 폭발로 생긴 분화구(crater)의 직경은 60킬로미터가 넘어서 지표면 어디에서도 그 모양을 알아볼 수가 없었던 것이다!

화산이 폭발하고 나면 칼데라가 만들어질 수 있다. 마그마 동굴이 비어버리면 산이 내려앉아서 (노란 점선으로 표시한) 큰 구덩이가 생긴다.

뜨거운 사실들!

• 옐로스톤은 적어도 200킬로미터 아래에서부터 지표면 근처까지 솟아오른 거대한 용암 덩어리 위에 있다.

• 그런 열점(熱點)에서 나오는 열이 옐로스톤의 모든 분출구와 간헐천, 온천, 진흙 구덩이를 뜨겁게 만들고 있다.

• 지하에는 공원 크기와 비슷한 72킬로미터 정도의 마그마 동굴이 있고, 언제 터질지 모르는 불안정한 마그마로 가득 채워져 있다.

• 1,650만 년 전에 있었던 첫 폭발 이후 지금까지 100여 차례의 폭발이 일어났다. 200만 년 전에 발생한 폭발에서는 캘리포니아 전체를 6미터 깊이로 묻어버릴 수 있을 정도의 화산재가 쏟아져나왔다.

• 과학자들에 따르면, 옐로스톤은 대략 60만 년마다 한 번씩 폭발한다. 가장 최근의 폭발은 63만 년 전에 있었다.

옐로스톤은 언제라도 다시 폭발할 수 있을까?
아무런 예고도 없이? 그렇다. 언제라도 그렇게 될 수 있다.

경고 신호

옐로스톤 국립공원에는 지진이 매년 1,000 - 3,000번씩 일어난다. 큰 지진은 아니지만 분명한 경고임에 틀림없다.

공원에서 가장 유명한 간헐천인 엑셀시어는 공중으로 100미터 높이까지 수증기를 뿜어냈다 그러나 1890년에 갑자기 분출을 멈추더니 1985년에 이틀 동안 분출이 시작되었고, 그후로는 다시 활성화되지 않았다. 이는 모두 공원에서의 화산 활동을 미리 예측할 수 없다는 증거이다.

옐로스톤 국립공원은 우리가 아주 뜨겁고 파괴적인 행성에서 살고 있다는 사실을 일깨워준다!

끔찍한 지진

지진 역시 예측할 수 없고, 그 원인이 무엇인지에 대해서도 거의 알려진 것이 없다. 그러나 지각판들이 서로 충돌하거나 다른 교란이 일어날 때 발생하는 충격파가 지구 내부 깊숙이 침투했다가 핵에 의해서 통겨져나오면 지각에 엄청난 흔들림이 발생하는 것으로 보인다.

리히터 규모

1935년, 2명의 미국 지질학자는 지진을 서로 비교할 수 있는 방법을 고안했다. 그들은 바로 지진의 크기를 나타내는 '규모'에 이름이 붙여진 찰스 리히터와 베노 구텐베르크였다.

리히터 규모에서 7.3인 지진은 6.3인 지진보다 10배가 크고, 5.3인 지진보다는 100배가 더 크다. 이 규모는 단순히 힘을 나타내는 것으로, 피해 규모에 대해서는 아무것도 알려주지 않는다. 예를 들면, 맨틀 깊숙이 650킬로미터에서 발생한 규모 7의 지진은 지표면에 아무런 피해를 주지 않을 수도 있지만, 지표면 6-7 킬로미터 아래에서 발생한 훨씬 더 작은 지진은 넓은 지역을 폐허로 만들 수 있다. 피해 정도는 지진이 얼마나 지속되는지와 여진(餘震)의 빈도와 강도, 그리고 영향을 미치는 지형에 따라서 달라진다.

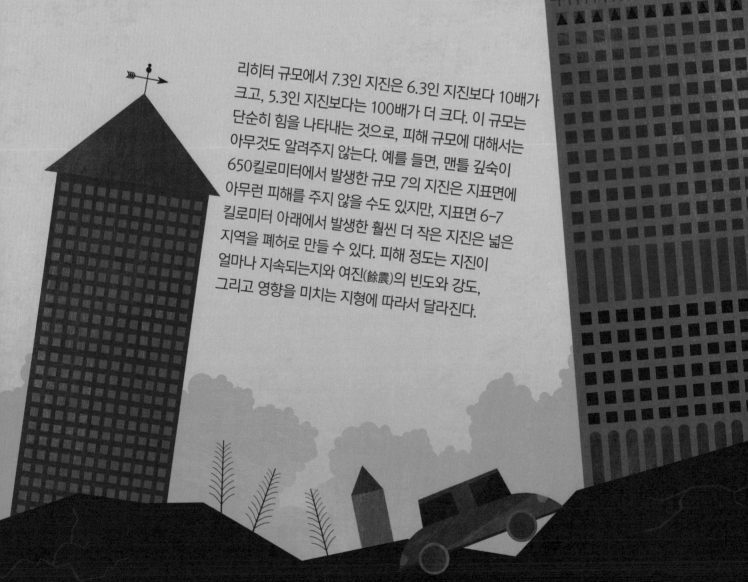

3대 지진

리히터 규모가 만들어진 이후에도 대형 지진이 많이 일어났다. 1964년 3월 알래스카에서 발생한 지진은 9.2였고, 1960년 칠레 해안의 태평양에서 일어난 지진은 정말 엄청난 규모인 9.5였다.

그러나 피해 규모만으로 따져보았을 때, 역사상 가장 강력했던 지진은 1755년 포르투갈의 리스본을 갈가리 찢어놓은 지진이었다. 아침 10시 직전에 갑자기 도시를 뒤흔든 지진은 규모 9.0으로 추정되며, 6분 동안 지속되었다. 3분 후에는 두 번째 지진이 밀어닥쳤다. 마지막이었던 세 번째 지진이 일어났을 때는 충격이 워낙 커서, 항구에서 물이 모두 빠져나갔다가 곧 15미터가 넘는 파도가 밀어닥치면서 피해가 더 커졌다. 결국 적어도 6만 명이 사망했고, 거의 모든 건물들이 무너져내렸다.

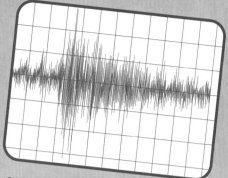

2004년 동남 아시아에 놀라운 속도로 바닷물이 밀려들게 만들었던 지진의 리히터 기록.

내일 도쿄에?

도쿄는 일본에 있는 3개의 지각판들이 만나는 곳에 있다. 일본은 지진이 자주 일어나는 나라로 유명하다. 1995년에는 고베에서 규모 7.2의 지진이 발생했다. 피해 규모는 2,000억 달러에 달했다. 그러나 앞으로 도쿄에서 일어날 것으로 예상되는 지진의 피해에 비하면 그 정도는 아무것도 아니다.

도쿄는 이미 현대 역사상 가장 파괴적인 지진을 경험했다. 1923년 9월 1일, 정오 직전에 고베 지진보다 10배나 더 강한 관동대지진이 일어난 것이다. 약 14만 명이 사망했다. 그 이후로 도쿄는 무시무시할 정도로 조용했기 때문에 땅속에서는 거의 100년 동안 압력이 쌓였을 것이다. 그런 압력은 결국 터져버릴 것이다.

지진은 상당히 흔한 일이다. 매일 전 세계 어딘가에서 규모 2.0 이상의 지진이 평균 1,000회 이상 발생한다. 이 정도의 지진이면 근처에 있는 사람을 놀래키기에 충분하다.

우주로부터의 충격

사람들은 오래 전부터 미국 아이오와 주 맨슨의 땅 밑에 무엇인가 이상한 것이 있다는 사실을 알고 있었다. 그러다가 1912년에 마을의 수도 시설을 건설하기 위해서 시추를 하던 인부가 그곳에서 이상하게 변형된 암석들이 나온다는 사실을 보고했다. 그곳에서 나온 지하수의 수질도 이상했다. 빗물과 같은 정도의 난물이었지만, 그때까지 아이오와 주에서는 천연 단물이 발견된 적이 없었다.

소행성을 찾는 사람

그 이유는 1950년대 초에 밝혀지기 시작했다. 똑똑하고 젊은 지질학자 유진 슈메이커는 애리조나 주에 있는 운석에 의해서 생긴 것으로 보이는 분화구를 방문해, 그곳에 보기 드문 모래알 같은 수정이 엄청나게 많이 분포하고 있다는 사실을 발견했다. 그곳에 우주로부터의 충돌이 있었을 것이라는 사실에 흥미를 느낀 그는 지구의 궤도에 다가왔던 소행성에 대한 자세한 조사를 시작했다.

공룡 충돌

지질학자인 월터 앨버레즈와 그의 아버지 루이스 앨버레즈는 공룡이 수백만 년에 걸쳐서 느리고 점진적으로 멸종한 것이 아니라, 단 한 번의 폭발적인 사건으로 갑자기 멸종된 것이라고 발표했다. 그들은 이탈리아 움브리아의 산악 지역에 있는 2개의 오래된 석회석층 사이에서 재미있는 사실을 발견했다. 외계에서나 발견될 법한 광물질이 지구에 퇴적된 흔적을 보게 된 것이었다. 그런 물질은 소행성과 같은 거대한 암석 덩어리가 깨져 그 내용물이 흩어졌을 경우에만 그곳에 도달할 수가 있었다.

KT 경계

앨버레즈의 암석층은 오늘날 KT 경계라고 알려져 있다. 그것은 화석 기록에서 공룡을 포함해서 지구에 존재하던 동물 종의 거의 절반이 갑자기 사라진 6,500만 년 전에 해당한다. 그러나 앨버레즈는 자신들의 이론을 증명해줄 충돌 현장을 밝혀내지는 못했다. 오늘날에는 멕시코의 칙술루브 분화구가 가능한 후보일 것으로 여겨진다.

맨슨 운석

아주 오래된 옛날 언젠가 맨슨이 얕은 바다 밑에 있었을 때, 지름이 약 2.5킬로미터이고 무게가 100억 톤 정도의 암석이 음속의 200배 정도의 속도로 대기권을 뚫고 들어와서는 상상하기 어려울 정도로 갑작스럽고 격렬하게 지구와 충돌했다. 지금 맨슨이 있는 곳에 깊이가 5킬로미터이고, 지름이 30킬로미터가 넘는 구멍이 순식간에 만들어졌다. 이런 모든 것들이 지구의 내부가 아니라 적어도 1억6,000만 킬로미터 떨어진 곳에서 시작된 것이다.

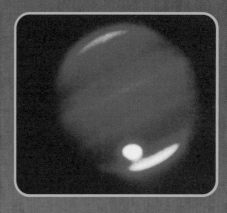

목성에 남겨진 충격

1994년 7월에 우리는 허블 우주 망원경 덕분에 처음으로 혜성과 행성인 목성과의 충돌을 관측할 수 있었다. 충돌은 일주일 동안 이어졌고, 예상했던 것보다 훨씬 더 격렬했다.

G핵이라고 알려진 파편이 현재 지구상에 존재하는 모든 핵무기를 합친 것보다도 75배나 더 큰 힘으로 충돌했다.

G핵은 작은 산 정도 크기의 암석이었지만, 목성의 표면에 지구 정도 크기의 상처들을 남겼다.

알고 보니 분화구

맨슨 충돌은 미국 본토에서 일어난 가장 큰 규모의 충돌이었다. 모든 종류의 충돌 중에서 가장 컸다. 그때 생긴 분화구는 날씨가 맑아야만 한쪽에서 다른 한쪽을 볼 수 있을 정도로 엄청난 규모였다. 그랜드 캐니언도 시시하게 보일 정도였다. 안타깝게도 250만 년이 흐르는 동안 대륙빙이 지나가면서 맨슨 분화구의 꼭대기까지 기름진 빙하 퇴적물이 채워졌고, 그래서 오늘날에는 맨슨을 중심으로 몇 킬로미터에 이르는 지역은 식탁처럼 평평해졌다.

과학자들은 맨슨과 같은 충돌이 100만 년마다 한 번 정도로 일어난다고 말한다. 그러나 안심해서는 안 된다. 앞으로 살펴보겠지만 지구는 여전히 아주 위험한 곳이다.

소행성 충돌

소행성은 화성과 목성 사이에서 느슨하게 띠를 이루며 공전하고 있는 암석 덩어리들이다. 태양계의 그림에서는 언제나 고리 모양으로 뭉쳐 있는 것처럼 보이지만, 사실 태양계에는 엄청난 공간이 있기 때문에 대부분의 소행성들은 서로 15억 킬로미터 이상 떨어져 있다.

우주에 얼마나 많은 소행성들이 떠돌아다니고 있는지는 아무도 모르지만, 그 수는 아마도 10억 개를 넘을 것으로 추정된다. 소행성들은 목성의 중력 때문에 큰 행성으로 뭉쳐지지 못한 작은 행성들일 것으로 추측된다.

우리에게로…오는 중

지구의 공전궤도는 일종의 고속도로이고, 그 도로를 달리는 자동차는 우리뿐이다. 그러나 수많은 보행자들이 길을 살펴보지도 않고 무작정 인도에 내려서 길을 건넌다고 생각해보자. 우리는 그런 보행자들 중 90퍼센트에 대해서는 아무것도 모른다. 그들이 어디에 살고 있고, 어떤 생활 주기를 가지며, 얼마나 자주 길을 건너는지 모른다. 우리가 아는 것은, 그런 보행자들이 시속 100만 킬로미터의 속도로 달리고 있는 우리 앞에서 알 수 없는 빈도로 길을 건넌다는 사실뿐이다. 만약 버튼을 눌러서 지구의 궤도를 가로지르는 소행성들 중에서 크기가 10미터가 넘는 것에 불이 켜지게 할 수 있다고 생각해보자. 아마도 하늘에서 1억 개가 넘는 소행성들을 볼 수 있을 것이다. 다시 말하면 멀리서 반짝이는 수천 개의 별이 아니라, 훨씬 더 가까운 곳에서 움직이고 있는 수백만 개의 수백만 배의 수백만 배의 물체를 보게 된다는 것이다. 그런 소행성들 모두 지구와 충돌할 가능성이 있고, 조금씩 다른 길과 속도로 움직이고 있다. 아주 걱정스러운 일이다. 소행성들의 존재 자체가 걱정스러운 일이다. 다만 우리가 그것을 보지 못하고 있을 뿐이다.

엄청난 재앙!

맨슨에 떨어진 것과 비슷한 크기의 운석이 오늘날 우리에게 떨어진다면 대기권에 들어온 후 1초 만에 지표면에 충돌해서 순간적으로 기화해버릴 것이다.

그러나 폭발이 일어나 1,000세제곱킬로미터의 돌, 흙, 과열된 기체가 분출될 것이다.

250킬로미터 이내에 있는 모든 살아 있는 것들은 열이나 폭발 때문에 목숨을 잃을 것이다.

충격은 끔찍한 지진을 연속적으로 일으킬 것이 거의 확실하다.

지구 전체의 화산들이 흔들리면서 분출을 시작할 것이다.

파괴적인 지진해일이 멀리 떨어진 해안을 향해갈 것이다.

한 시간 이내에 시커먼 구름이 지구를 덮어버릴 것이고, 어디에서나 불타는 암석과 파편들이 쏟아져내려서 대부분의 식물들을 태워버릴 것이다.

붐비는 고속도로

우리의 궤도를 정기적으로 가로지르는 소행성들 중에서 우리의 문명 전부를 폐허로 만들 수 있는 소행성만 따져보아도 2,000개는 될 것이다. 그러나 집채만 한 작은 소행성도 도시를 파괴할 수 있다. 비교적 작은 소행성들 중에서 지구의 궤도를 가로지르는 소행성의 수는 수십만에서 수백만 개가 될 것이 분명하고, 그들 모두를 추적하는 일은 도저히 불가능하다.

엎드려!

어떤 물체가 다가오고 있는 것을 보았다고 하자. 우리는 무엇을 할 것인가? 누구나 우리가 핵무기를 쏘아올려서 그것을 산산조각 낼 것이라고 생각한다. 그러나 그런 아이디어에는 몇 가지 문제가 있다. 우선 우리의 미사일은 우주에서 작동하도록 개발된 것이 아니다. 미사일은 지구의 중력을 벗어날 수 없고, 수천만 킬로미터에 이르는 우주에서 미사일을 유도할 수 있는 조정 장치도 없다. 사실 우리에게는 인간을 달까지 보내줄 로켓도 없다. 그런 능력을 가진 마지막 로켓인 새턴 5호는 오래 전에 폐기되었다.

심지어 1년 정도 전에 경고를 받는다고 해도 적절한 대책을 마련하기에는 충분하지 않을 것이다. 이보다 훨씬 더 가능성이 높은 것은 우리는 6개월 정도 전이 되어서야 그런 물체가 다가오고 있음을 알게 될 것이라는 점이다. 그때는 이미 너무 늦을 것이다.

이상 접근

1801년에 처음 관측된 소행성은 케레스였다. 지름은 거의 1,000킬로미터였다. 1991년에 1991 BA라는 소행성이 16만 킬로미터의 거리를 두고 우리 곁을 지나갔다. 우주에서 그 정도의 거리를 지나가는 것은 총알이 소매를 스쳐 지나가는 것과도 같은 일이다.

2년 후에 조금 더 큰 소행성이 겨우 15만 킬로미터 거리에서 스쳐 지나갔다. 역사상 가장 가까이 지나간 것은 10만 킬로미터 거리에서 지나간 1994 XLI였다.

우리가 알아채지는 못하지만 그보다 더 가까이 지나가는 일도 일주일에 두세 번씩 있을 것이다.

2029년에는 폭이 400미터 정도 되는 암석인 소행성 아포피스가 대부분의 통신용 인공위성보다 더 가까이 지구에 다가오겠지만 충돌하지는 않을 것이다.

푸른 행성, 지구!

우리가 살고 있는 작은 행성의 모든 불확실성에도 불구하고 우리가 이 행성을 가지고 있다는 사실에 감사해야만 한다. 우리가 알기로는 우주 전체에서 우리가 살 수 있는 곳은 단 한 곳, 지구뿐이다. 그러나 그마저도 너무 순진한 생각이다. 지구의 표면에서 우리가 살 수 있을 정도로 말라 있는 지역은 지극히 작고, 그마저도 대부분 우리에게 너무 덥거나, 메마르거나, 가파르거나, 높다.

나약한 인간들

적응성에 관한 한 인간은 형편없다. 대부분의 동물들처럼 우리는 정말 더운 곳을 싫어하지만, 땀을 많이 흘리고 일사병으로 쉽게 쓰러지는 우리는 더위에 특히 약하다. 물도 없이 무더운 사막에 서 있는 최악의 상황에서 우리 대다수는 6-7시간 내에 정신 착란을 일으켜서 졸도한 후 다시는 깨어나지 못하게 된다. 추위에도 대책이 없다. 모든 포유류가 그렇듯이 인간도 많은 열을 발생시킨다. 그러나 털이 거의 없기 때문에 그 열을 제대로 지키지 못한다. 비교적 온화한 날씨에도 우리는 전체 열량의 거의 절반을 체온 유지에 허비한다.

우리의 행운

그러나 우주의 다른 곳의 상황을 생각하면, 우리가 살 수 있는 작은 행성이라도 찾아낸 것은 행운이다. 뜨겁게 달아오른 금성이나 얼어붙은 화성을 보면, 온화하고, 푸르고, 물이 풍부한 지구보다 대부분의 행성이 훨씬 위험하다는 사실을 인정하게 된다. 지금까지 우주 과학자들은 태양계 바깥에 있는 100억 개의 100억 배에 이르는 행성들 중에서 생명이 존재할 수 있는 행성은 4,100개 정도일 것이라는 사실을 알아냈다. 그러나 생명이 살 수 있는 행성을 찾으려면 엄청나게 운이 좋아야 할 것처럼 보인다.

훌륭한 위치

우리는 많은 에너지를 방출할 정도로 크면서도 너무 커서 짧은 시간에 타버리지 않을 정도로 적당한 종류의 별(항성)에서 신비로울 정도로 적당한 거리에 위치한다. 별은 클수록 빨리 탄다. 태양의 질량이 지금의 10배였다면, 태양은 100억 년이 아닌 1,000만 년 만에 다 타서 없어졌을 것이다. 우리가 지금 이곳에 없을 것이다. 우리가 지금과 같은 궤도를 공전하는 것도 다행이다. 지구가 5퍼센트 더 가까이 있거나, 15퍼센트 더 멀리 있다면, 지구의 모든 것은 끓어서 사라졌거나 얼어붙었을 것이다.

짝을 가진 행성

달을 우리의 동반자라고 생각하는 사람들은 많지 않다. 그러나 그것이 사실이다. 달이 없다면 지구는 죽어가는 팽이처럼 비틀거릴 것이다. 달의 중력에 의한 일정한 인력 덕분에 지구는 적당한 속도와 기울기와 생명이 등장할 수 있을 정도로 충분히 안정한 궤도를 공전하게 되었다. 물론 그런 일이 영원히 계속되지는 않을 것이다. 달은 매년 약 4센티미터씩 우리 손아귀에서 벗어나고 있다. 앞으로 20억 년이 지나면 달은 너무 멀어져서 더 이상 우리를 돕지 못할 것이다.

적당한 행성

태양에서 적당한 거리에 있는 것이 전부가 아니다. 만약 거리가 전부라면 달도 숲이 우거지고 평탄했을 것이다. 실제로는 그렇지 않다. 달과는 달리 지구의 내부는 뜨겁게 녹아 있다. 발밑에서 움직이고 있는 마그마가 없었더라면, 우리가 지금 이곳에서 살 수 없었다는 것이 확실하다. 살아 움직이는 지구의 내부에서 나오는 기체 덕분에 대기가 유지되고, 우주선(宇宙線)을 막아주는 자기장도 만들어진다. 지구의 표면을 끊임없이 바꿔주고, 주름지게 만들어주는 판 구조 또한 제공한다. 지구가 완벽하게 편평했다면, 모든 곳이 3킬로미터가 넘는 깊이의 물로 뒤덮였을 것이다.

적절한 시기

우주는 놀랍도록 변덕스럽고 많은 사건이 일어나는 곳이며, 그 속에서 우리가 존재한다는 사실은 신기한 일이다. 만약 46억 년이나 되는 길고 복잡한 역사가 특별한 시기에 특별한 순서로 펼쳐지지 않았다면, 예를 들어 공룡이 바로 그 시기에 운석에 의해서 멸종되지 않았더라면, 여러분은 몇 센티미터의 키에 수염과 꼬리를 가진 존재가 되어 동굴에서 이 글을 읽고 있을 것이다. 여러분이 적당한 사고력을 갖추고, 사회에 대해서 생각하는 존재가 되기 위해서는, 안정한 기간이 얼마간

따뜻한 이불

대기는 무척 고마운 존재이다. 대기가 없었다면
지구는 평균 기온이 섭씨 영하 50도로, 생물이 존재할 수
없는 얼음 덩어리였을 것이다. 더욱이 대기는 쏟아지는 우주선,
전하를 가진 입자들, 그리고 자외선과 같은 것들을 흡수하거나
비껴가게 만들기도 한다.

얇은 갑옷

우리의 대기에 대한 가장 놀라운 사실은, 그것이 그리
많지 않다는 것이다. 대기는 위쪽으로 190킬로미터까지
올라간다. 지표에서 보면 상당한 높이처럼 보이겠지만,
책상 위의 지구본 정도의 크기로 축소하면, 대기는 그
표면에 칠해진 니스칠 정도에 불과하다.

그러나 대기는 놀라울 정도로 강하다. 전체적으로
기체로 채워진 대기는 두께가 4.5미터나 되는 콘크리트
보호막과도 같다. 만약 대기가 없으면 눈에 보이지도
않는 우주선이 작은 단검들처럼 우리 몸을 난도질할
것이다. 대기에 의한 감속 효과가 없다면, 빗방울마저도
우리를 기절시킬 것이다.

더위와 추위

온도는 단순히 대기 중의 분자들이 얼마나 활발하게
움직이는지를 나타내는 것이다. 해수면에서는 분자들이
너무 밀집해 있어서 다른 분자에 충돌하기까지
1센티미터의 800만분의 1 정도의 아주 짧은 거리를
움직일 수 있다. 몇조 개의 분자들이 끊임없이 충돌하는
과정에서 많은 양의 열이 교환된다. 그러나 열권 정도의
높이에서는 공기가 너무 옅어서 두 분자는 몇 킬로미터씩
떨어져 있고, 서로 접촉하기가 어렵다. 그래서 각각의
분자가 아주 뜨겁더라도 서로 충돌해서 에너지를
교환하는 경우는 드물다.

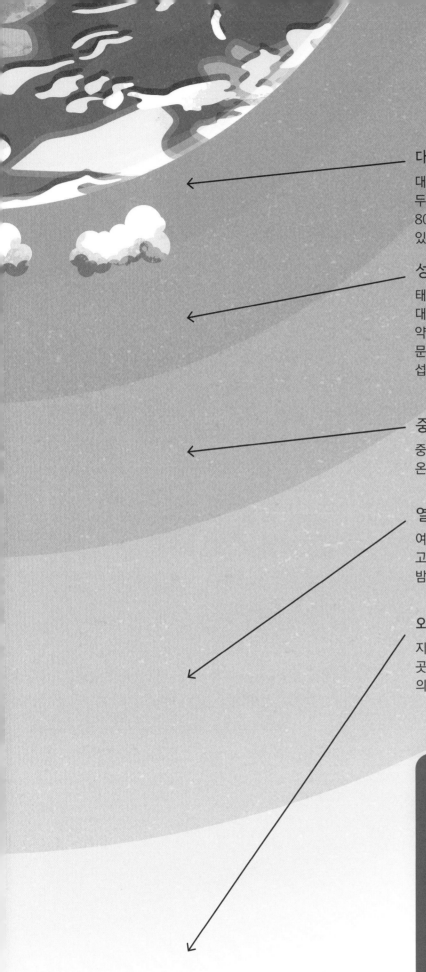

과학적인 이유로 대기는 5개의
불균등한 층으로 구분된다.

대류권

대류권에는 우리가 살아가기에 충분한 양의 열과 산소가 있지만,
두께가 약 10-16킬로미터에 지나지 않는다. 대기 질량의
80퍼센트와 거의 모든 물이 이렇게 얇고 옅은 층에 포함되어
있고, 대부분의 날씨 변화가 일어나기도 한다.

성층권

태풍 구름의 꼭대기가 모루처럼 편평하게 퍼지는 곳이 바로
대류권과 성층권의 경계이다. 고속 엘리베이터를 이용하면
약 20분만에 닿을 수 있다. 그러나 압력의 변화 때문에 승객들은
문이 열리기도 전에 이미 죽을 것이다. 그곳의 온도는
섭씨 영하 57도이다.

중간권

중간권은 성층권으로부터 80킬로미터 정도 올라간다. 이곳은
온도가 더 낮아서 영하 90도까지 떨어진다.

열권

여러분과 태양 사이에 보호층이 없기 때문에 태양의 영향이
고스란히 전해질 때는 온도가 섭씨 1,500도까지 치솟지만,
밤이 되면 500도 이상 떨어진다.

외기권

지표면으로부터 약 500킬로미터에서 1만 킬로미터에 이르는
곳에서는 원자와 분자가 우주로 빠져나가고, 강력한 태양풍에
의해서 전하를 가진 입자들이 만들어진다.

땅에 달라붙기

우리가 꼭 땅에서 살아야 하는지를 확인하겠다고 대기의
끝까지 올라갈 필요는 없다. 많은 사람들은 4,500미터에
이르기도 전에 병이 들고, 5,500미터 이상에서는
정착생활도 불가능하다. 산소 탱크와 장비를 갖추고 훈련을
받은 등반가들에게도 7,500미터 이상은 죽음의 영역으로
알려져 있다.

우리의 몸은 해수면에서
너무 높은 곳에서는 제대로 작동하지
않도록 설계되어 있다는 사실을
다양한 방법으로 확인할 수 있다.

거세고, 거친 바람

허리케인이나 강한 바람처럼 움직이는 공기는 여러분에게 공기가 상당한 질량을 가지고 있다는 사실을 일깨워준다. 모두 합치면 우리 주변에는 대략 5,200조 톤의 공기가 있다. 지표면 1제곱킬로미터당 1,000만 톤에 해당하는 엄청난 양이다! 수백만 톤의 공기가 시속 50-60킬로미터의 속도로 지나가면 나뭇가지가 부러지고, 기와가 날아가는 것이 조금도 놀랄 일이 아니다.

오르내리기

대기에서 공기를 움직이도록 만들어서 바람이 불게 하고, 대부분의 날씨 변화를 일으키는 과정을 대류라고 부른다. 적도 지방에서 만들어진, 습기가 많고 따뜻한 공기는 대류권 계면까지 올라가서 옆으로 퍼지게 된다. 공기는 적도에서 멀어지면 식어서 아래로 내려앉는다. 내려앉는 공기의 일부는 저기압 지역을 채운 후에 다시 적도로 움직여서 순환 과정이 완성된다.

이런 움직임 때문에 지표면에서는 대기압의 차이가 발생한다. 공기는 그 상태로 남아 있을 수가 없으므로 모든 곳에서의 평형을 회복하기 위해서 돌아다니게 된다. 사실 날씨는 그런 끊임없는 싸움의 결과이다. 공기는 언제나 고기압 지역에서 저기압 지역으로 움직이고, 기압의 차이가 클수록 더 강한 바람이 분다.

열대성 허리케인은 24시간 동안에 프랑스와 같은 중간 크기의 부유한 국가가 1년 동안 쓸 수 있는 에너지를 방출할 수 있다.

빗방울의 일생

어느 곳에 떨어지는가에 따라서 물 분자의 운명은 크게 달라진다. 비옥한 땅에 떨어진 물은 식물에 의해서 흡수되거나, 몇 시간이나 며칠 이내에 다시 증발한다. 그러나 지하로 흘러들어간 물은 몇 년, 아주 깊은 곳이라면 몇천 년 동안 다시 햇빛을 보지 못한다. 호수는 평균적으로 10여 년 동안 그곳에 고여 있는 물 분자들의 집단이다. 바다에 있는 물 분자들은 100여 년 동안 그곳에 머무르게 된다.

전체적으로 빗물에 들어 있는 물 분자들 중에서 약 60퍼센트는 하루나 이틀 사이에 다시 대기 중으로 돌아간다. 그렇게 증발된 물은 공중에서 대략 일주일 조금 넘게 머물다가 다시 비가 되어 떨어진다.

구름 덩어리

고기압과 저기압이 만날 때는 구름의 모양에 따라서 무슨 일이 생길 것인지를 예측할 수 있다. 1803년 구름에 이름을 붙인 현대 기상학의 아버지는 영국의 약사였던 루크 하워드였다.

천둥과 번개

지구 전체에서는 언제나 1,800개의 번개가 만들어져서 하루에 4만 번의 번개가 친다. 또한 밤낮을 가리지 않고 초당 100개 정도의 번개가 땅에 떨어진다.

번개는 시속 43만 5,000킬로미터로 움직이면서 주변의 공기를 태양의 표면보다 몇 배나 더 뜨거운 섭씨 2만 8,000도로 가열한다.

적절한 조건에서는 무거운 비구름[雷雲]이 10-15킬로미터의 높이까지 올라가고, 시속 140킬로미터 이상의 상승 기류와 하강 기류를 만들어낸다.

층운(層雲)은 습기가 많은 상승 기류가 위쪽에 있는 더 안정한 공기층에 막혀서, 연기가 천장으로 올라갈 때처럼 옆으로 퍼져서 만들어진다.

지름이 수백 미터에 이르는 여름철의 솜털 같은 적운(積雲)에는 욕조를 채울 정도인 100-150리터의 물이 들어 있다. 그래서 지구의 민물 중에서 약 0.035 퍼센트만이 공기 중에 떠돌아다닌다.

권운(卷雲)은 높은 곳에 강한 바람이 분다는 사실을 알려주는 얇은 조각구름이다. 주로 얼음 결정으로 만들어지며, 일반적으로 날씨가 추워질 것이라는 예고로 알려져 있다.

보온병

지표면의 날씨를 결정하는 진짜 원동력은 바다이다. 실제로 기상학자들
사이에서는 바다와 대기를 하나로 보려는 경향이 점점 더 강해지고 있으므로,
여기서 조금 살펴볼 필요가 있다.

물은 상상할 수 없을 정도로 엄청난 양의 열을 저장하고
옮겨주는 역할을 훌륭하게 해낸다. 걸프 해류는 매일 전
세계에서 10년 동안 생산되는 석탄에 해당하는 양의
열을 유럽으로 운반한다. 그래서 영국과 아일랜드의
겨울은 캐나다나 러시아보다 따뜻하다. 그러나 물은
천천히 뜨거워지기 때문에 아무리 더운 날에도 호수와
수영장의 물은 차갑다.

가라앉는 소금물

바다는 균일한 물의 덩어리가 아니다. 온도, 염도,
깊이, 밀도 등의 차이가 있다. 이런 모든 것들이 바다를
통해서 운반되는 열의 양에 영향을 미치고, 결국에는
기후에도 영향을 준다.

예를 들면, 대서양은 태평양보다 염도가 더 높다. 염도가
높을수록 밀도가 더 크고, 밀도가 큰 물은 아래로
가라앉는다. 만약 대서양의 염도가 지금보다 낮았더라면,
대서양의 해류가 극지방까지 올라가서 북극은 더
따뜻해졌겠지만, 유럽의 온화한 겨울은 사라졌을 것이다.
표면의 물이 유럽에 가까이 접근하면 밀도가 커져서 아주
깊은 곳으로 가라앉으면서 남반구를 향해 매우 느리게
움직이기 시작한다. 그런 해류가 남극 대륙에 도달하면,
남극 순환 해류에 의해서 태평양으로 진행하게 된다.
해류의 움직임은 매우 느리기 때문에, 북대서양의 물이
태평양 한가운데까지 가려면 대략 1,500년이 걸린다.
그런 해류에 의해서 옮겨지는 열과 물의 양은 상당하기
때문에 기후에 미치는 영향도 대단하다.

따뜻하고 차가운 해류가 지구를 돌아다니면서
해류가 닿는 대륙의 기후에 영향을 준다.

탄소 절벽

궁극적으로 작은 유공충류나
인편모충류 등이 죽어서 바다
밑으로 가라앉으면 압력에 의해서
석회석이 된다. 영국 도버의 화이트
클리프와 같은 독특한 자연적인
구조가 작은 해양 생물이 죽어서
만들어진 것이라는 사실은 대단히
놀랍다. 그 속에 얼마나 많은 양의
탄소가 축적되어 있는지를 생각해보면
더욱 놀랍다. 15센티미터 정도의 도버
석회석에는 우리에게 전혀 도움이
되지 않았을 이산화탄소
1,000리터가 압축되어 있다.

탄소 스펀지

바다가 우리에게 주는 혜택은 또 있다. 바다는 엄청난 양의 건강하지
않은 이산화탄소를 빨아들여서 안전하게 치워주는 역할을 한다.
우리 태양계의 이상한 점들 중의 하나가 바로 오늘날의 태양이
태양계가 처음 생겼을 때보다 25퍼센트나 더 밝게 불타고 있다는
사실이다. 그렇다면 지구는 훨씬 더 뜨거워졌어야만 한다. 실제로
지구의 온도 상승은 지구에서 살고 있는 생명에게 재앙적인
결과를 초래했을 것이다.

그렇다면 무엇이 이 세상을 안정하고 시원하게 지켜줄까? 생명이 그
역할을 한다. 유공충류(有孔蟲類), 인편모충류(鱗鞭毛蟲類), 석회해면류
(石灰海綿類)처럼 우리 대다수가 들어본 적도 없는 수없이 많은 작은
해양 생물들이 그 역할을 하는 것이다. 이런 작은 유기체들이 대기
중에 이산화탄소로 존재하던 탄소가 빗물에 섞여서 떨어지면, 그것을
흡수해서 자신들의 작은 껍질을 만드는 데에 사용한다. 그들은
자신의 껍질에 탄소를 가둠으로써 이산화탄소가 대기 중으로 다시
증발해서 위험한 온실 가스로 축적되는 것을 막아준다.

지구의 암석에 숨겨져 있는
탄소의 양은
대기 중에 있는 양의
약 8만 배에 이른다.

물에 녹아서

맛이나 냄새도 없으며, 생명력을 주면서 동시에 치명적인
살인마일 수도 있는 액체가 지배하는 세상에서 살아남기 위해서
노력한다고 상상해보자. 하늘에 떠 있다가, 다음 순간에는
여러분의 피부를 적신다. 무섭게 휘몰아쳐서 건물을 무너뜨릴
수도 있다. 우리는 그것을 물이라고 부른다.

물의 순환

지구에는 13억 세제곱킬로미터의
물이 있고, 그것이 우리가 얻을 수
있는 전부이다. 여러분이 마시는
물은 지구가 생겼을 때부터 그 일을
해오고 있다. 38억 년 전의 바다는
거의 채워져 있었고, 그 이후로
전부가 재활용되어왔다.

떠오르는 얼음

우리는 너무나 익숙해서 물이 얼마나 특별한
물질인가를 잊는 경향이 있다. 대부분의 액체는 식으면 부피가
10퍼센트 정도 줄어든다. 그런데 물은 어는점에 아주 가까워지면
팽창하기 시작하고, 얼음이 되면 부피가 거의 10퍼센트 정도 늘어난다.
얼음은 부피가 늘어나기 때문에 물에 뜬다. 고체는 당연히 가라앉아야
하므로 그런 현상은 괴상한 것이다. 실제로 얼음이 가라앉는다면 호수와
바다는 바닥에서부터 얼어붙게 될 것이다. 물속의 열을 가두어줄 얼음이
수면을 덮고 있지 않다면, 물이 가지고 있던 온기는 그대로 방출되어 점점 더
차가워져 바다가 얼고, 아마도 영원히 그런 상태로 남을 것이 확실하다. 물은
화학의 규칙이나 물리법칙을 모르는 모양이다.

서로 달라붙기

큰 산소 원자 1개에 2개의 작은 수소 원자가 결합되어 있는 물의 화학식이
H_2O라는 사실은 누구나 알고 있다. 수소 원자는 주인인 산소 원자에 단단하게
붙어 있지만, 다른 물 분자와 결합하기도 한다. 물 분자들이 모여서 웅덩이나
호수를 만드는 것도 그런 이유이다. 그러나 지나치게 단단히 달라붙어 있는
것은 아니라서 여러분이 물속으로 다이빙을 하면 쉽게 갈라지기도 한다.

'지구(地球)'보다는
'물'이라는 이름이 우리
행성에 더 적절할 것이다.

살인마 소금

물이 없으면 인간의 몸은 빠른 속도로 부서진다. 며칠 안에 입술이 갈라지고, 잇몸은 검게 변하며, 코는 절반 길이로 시들고, 피부는 눈을 깜박일 수 없을 정도로 수축된다. 물은 생명에 너무나도 소중한 것이다. 그래서 우리는 지구상에 존재하는 물 중에서 아주 적은 양을 제외한 대부분의 물에 우리에게 치명적인 독성을 나타내는 소금이 들어 있다는 사실을 잊어버리기도 한다.

우리에게는 소금이 필요하지만, 아주 적은 양만 필요하다. 바닷물에는 우리가 안전하게 받아들일 수 있는 것보다 70배가 넘는 소금이 들어 있다. 보통 바닷물 1리터에는 소금이 2.5티스푼 정도 들어 있다. 다른 원소, 화합물, 또는 우리가 그냥 염(鹽)이라고 부르는 물질들이 훨씬 많이 들어 있다.

소금을 너무 많이 섭취하면, 모든 세포의 물 분자들이 마치 화재 현장으로 달려가는 소방관들처럼 쏟아져나와서 소금을 묽게 하여 배출시키려고 한다. 그렇게 되면 세포는 정상적인 기능을 하기 위해서 꼭 필요한 물이 위험할 정도로 부족해지고, 탈수가 된다. 한편, 혈관 세포들은 소금을 신장으로 옮겨야 한다. 결국 신장도 지쳐서 기능을 상실한다. 신장이 기능을 잃으면 우리 몸은 죽게 된다. 이것이 우리가 바닷물을 마시지 못하는 이유이다.

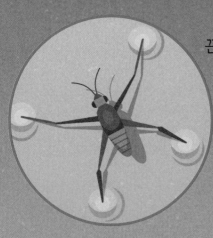

끈적이는 물

물을 빨대로 빨아올릴 수 있는 것과, 자동차 보닛 위에 떨어진 물이 물방울로 변하는 것은 물 분자들이 '서로 달라붙기' 때문이다. 물은 표면 장력이 있어서 수면에 소금쟁이와 같은 곤충이 떠 있을 수 있도록 해줄 정도의 튼튼한 '막'을 만든다.

감자는 80퍼센트가 물이고, 소는 74퍼센트, 박테리아는 75퍼센트가 물이다. 95퍼센트가 물로 된 토마토는 그 자체가 물인 셈이다. 심지어 65퍼센트가 물로 되어 있는 인간은 고체라기보다 물에 더 가깝다.

깊은 물속의 신비

우리는 4억 년 전에 바다에서 육지로 올라와서 산소를
호흡하면서 살기로 한, 무모하지만 대담한 결정을 내린
생물종에 속한다. 그 결과 지구상에서 생물이 살 수 있는
공간의 99.5퍼센트는 우리가 출입하지 못하는 곳이 되었다.

수압

우리가 물속에서 호흡을 할 수 없다는 것만이 문제는 아니다.
우리는 압력을 견디지 못한다. 물은 공기보다 1,300배나 더
무겁기 때문에 물속으로 내려가면 압력이 빠르게 늘어난다.
거의 모든 사람들은 인간의 몸이 깊은 바다의 엄청난 압력을
받으면 짓눌릴 것이라고 믿는다. 사실은 우리 몸이 대부분 물로
되어 있기 때문에 몸은 주변과 같은 압력을 유지하고, 깊은
곳에서도 으스러지지 않는다. 그러나 몸속에 있는 기체가
문제를 일으킨다. 여러분이 수중 150미터로 내려가면
혈관이 막히고, 허파는 음료수 캔 크기로 줄어든다.
신기하게도, 사람들은 호흡 보조 장치도 없이 단순히
프리 다이빙으로 알려진 스포츠를 즐기기 위해서 그런
깊이까지 자진해서 잠수를 하기도 한다. 그러나 몸에
있는 질소가 조직 속으로 녹아 들어가기 때문에 사람은
물속에서 오래 머물지 못한다.

도움을 받지 않고 가장 깊은
곳까지 잠수했다가 살아남아서
그 경험을 이야기해준 사람의
기록은 풋볼 경기장의 길이보다
조금 짧은 86미터였다. 윌리엄
트로브리지라는 뉴질랜드
사람이 2008년 4월에 3.2분
동안 '물갈퀴 대신 추만
사용해서' 잠수 기록을 세웠다.

잠수 재앙

많은 것들이 잘못될 수 있다. 긴 호스를 통해서 물 밖과 연결된 잠수복을
사용하던 시절의 잠수부들은 '압착'이라는 무시무시한 경험을 하기도
했다. 바깥에 있는 펌프가 고장나서 잠수복 내부의 압력이 끔찍하게
떨어질 때 나타나는 현상이다. 잠수복 속의 공기가 격렬하게 빠져나가면,
불운한 잠수부는 문자 그대로 헬멧과 호스 속으로 빨려들어간다. 수면 위로
끌어올리면 잠수복 속에 남아 있는 것은 뼈와 몇 점의 살점뿐이다!
그러나 깊은 물속에서 진정 두려운 것은 '벤드(bend)'라고 부르는
잠수병이다.

작은 기포들

우리가 호흡하는 공기에는 80퍼센트의 질소가 들어 있다. 인체에 압력을
가하면, 그런 질소가 작은 기포로 변해서 혈액과 조직 속으로 들어간다.
잠수부가 너무 급하게 수면으로 올라올 때처럼 압력이 너무 급격하게 변하면,
몸속에 갇혀 있던 기포가 레모네이드 병 뚜껑을 열 때와 같이 끓어오르기
시작한다. 그런 기포들이 작은 혈관을 막으면, 세포에 산소 공급이 끊어지므로
잠수부는 극심한 통증으로 몸을 비틀게 된다. 그래서 '벤드'라고 부른다.

튼튼한 새우

정확한 방법을 알 수는 없지만, 깊은 곳의 압력을 견뎌내는
생물도 있다. 바다에서 가장 깊은 곳은 태평양에 있는
마리아나 해구이다. 깊이가 대략 11킬로미터나 되는
그곳에서는 압력이 1제곱센티미터당 1,125킬로그램이나
된다. 아주 단단한 잠수정을 탄 사람이 잠깐 동안
그곳까지 들어간 적이 있다. 그런데 그곳에는
새우와 비슷하면서도 투명한 갑각류가 아무런
보호 장비도 없이 살고 있었다.

바다의 평균 깊이인 4킬로미터에서의
압력은 짐을 잔뜩 실은 레미콘 14대로
짓누르는 것과 같다.

단백질 수프

지금까지 살펴보았듯이, 바다는 매력적인 곳이 아니다. 그러나 생명이 처음 시작된 곳은 바로 바다였다. 그리고 그런 일이 일어나게 한 방식은 정말 예사롭지 않았다고 말할 수 있다.

놀라운 조리법

인간을 구성하는 탄소, 수소, 산소, 질소에 소량의 황, 인, 칼슘, 철과 같은 몇 가지 원소를 물이 들어 있는 그릇에 넣고 강하게 저어주면 완전한 사람이 걸어나온다고 상상해보자. 정말 놀라운 일이 될 것이다!

실제로 우리를 구성하는 화학물질에는 정말 특별한 점이 없다. 여러분이 금붕어나 오이나 인간과 같은 생물을 만들고 싶다면 그저 방금 설명한 주요 원소들만 있으면 된다. 그런 원소들을 30여 가지의 방법으로 조합하면 당(糖)이나 산(酸)을 비롯한 기본적인 물질을 만들 수 있고, 그것으로 살아 있는 모든 것을 만들 수 있다.

생명의 기본 재료

1953년 미국 시카고 대학교에서 연구하던 스탠리 밀러는 원시의 바다를 나타내는 약간의 물이 담긴 플라스크와 초기 지구 대기에 해당하는 메탄, 암모니아, 황화수소 기체의 혼합물이 담긴 플라스크를 고무관으로 연결한 후에 번개를 흉내 내는 전기 스파크를 일으켰다. 며칠이 지나자 플라스크 속의 물은 아미노산, 지방산, 당을 비롯한 여러 가지 유기물이 진하게 뒤섞인 녹황색으로 바뀌었다. 흔히 '생명의 기본 재료'라고 부르는 아미노산은 오히려 만들기가 쉬웠다. 문제는 **단백질**이었다.

약간의 기적

단백질은 아미노산을 길게 연결한 것이다. 우리는 많은 종류의 단백질을 필요로 한다. 누구도 정확하게는 알고 있지는 않지만, 인체에는 100만 가지 정도의 단백질이 들어 있고, 단백질 하나하나가 작은 기적이다. 모든 확률법칙에 따르면 단백질은 존재할 수가 없다.

단백질을 만들려면, 마치 알파벳을 특별한 순서로 연결해서 단어를 만드는 것처럼 아미노산을 특별한 순서에 따라 연결해야 한다. 문제는 아미노산 알파벳으로 구성되는 단어들이 엄청나게 길다는 것이다. 예를 들면, 흔한 단백질의 하나인 콜라겐(collagen)이라는 영어 단어는 8개의 알파벳을 제대로 나열만 하면 된다. 그러나 실제로 콜라겐이라는 단백질을 **만들려면** 1,055개의 아미노산을 정확한 순서로 연결시켜야 한다.

그런데 정말 중요한 문제는 우리가 그것을 **만들** 수 없다는 것이다. 물속의 단백질은 누구의 도움도 없이 저절로 만들어진다. 과연 어떻게 그럴까?

- 쓸모가 있으려면, 단백질은 아미노산들이 정확한 순서에 따라서 조합되어야 할 뿐만 아니라…
- 일종의 화학적 종이 접기를 통해서 아주 특별한 모양으로 접혀야 한다.
- 그래서 단백질은 DNA의 도움을 받아야 한다. DNA가 없으면 단백질이 존재할 수 없고, 단백질이 없으면 DNA는 아무에게도 쓸모가 없다.

그리고 아직도 더…

DNA와 단백질과 생명에 필요한 성분들은 세포가 없으면 어디로도 갈 수가 없다. 원자나 분자가 독립적으로 생명을 만들 수는 없다. 모래알처럼 죽은 원자들이 세포라는 안식처에 모여야만 생명이 출현할 수 있다.

최초의 시작

지난 수십 년간 지질학자를 비롯한 과학자들을 가장 놀라게 한 일들 중 하나는 지구의 역사에서 생명이 얼마나 일찍 출현했는가였다. 오랜 기간 동안 그들은 생명의 역사가 6억 년이 채 되지 않았을 것으로 생각했다. 30년 전에 몇몇 모험심 강한 사람들이 25억 년까지 거슬러올라간다고 주장하기 시작했다. 그러나 오늘날의 38억 5,000만 년은 놀라울 정도로 길다.

지구의 표면이 딱딱하게 굳어진 것은 39억 년 전의 일이기 때문에 생명은 비교적 빨리 시작되었다. 우리가 그것을 '생명의 기적'이라고 부르는 것은 조금도 신기한 일이 아니다.

박테리아와의 싸움

수십억 년 전의 지구에서 생명이 어떻게 살아남을 수 있었는지는 놀랍다. 당시의 지구 환경은 우리에게 적합하지 않았다. 만약 여러분이 타임머신을 타고 태고로 돌아간다면, 급히 안으로 들어와야 했을 것이다. 당시의 대기 중에 가득했던 화학물질들 때문에 지표면에 도달하는 햇빛은 거의 없었을 것이다. 자주 번쩍이는 번갯불 덕분에 잠깐씩 주위를 살펴보는 것이 전부였을 것이다. 간단히 말해서, 당시의 지구는 우리가 알아볼 수 없는 곳이었다.

처음에는 산소가 없었으며, 그 대신 옷을 녹이고, 피부에 물집이 생기도록 만드는 염산과 황산 같은 독가스가 가득했다.

처음 20억 년 동안에는 박테리아 수준의 생물체가 지구의 유일한 생명이었다. 그런 생물들이 살면서 번식하고, 돌아다녔지만, 더욱 도전적인 수준의 존재로 발전할 뜻은 전혀 가지고 있지 않았다. 10억 년이 지난 후에 시아노박테리아라는 남조류가 물속에 많이 녹아 있던 수소를 이용하는 방법을 알아냈다. 그들은 물을 빨아들여서 수소를 섭취하고, 폐기물로 산소를 배출했다.

산소 생산자

남조류는 대단한 성공을 거두었다. 남조류가 확산되면서 세상은 산소로 채워지기 시작했다. 그런 환경은 산소를 독성이라고 인식하는 지구상의 다른 생물체에게는 적당하지 않았고, 그런 생물들은 곧바로 사라졌거나, 아니면 습지나 호수 밑의 질퍽질퍽한 세상으로 피했다.

산소가 죽인다

산소가 우리에게 친근한 필수품이라고 믿었던 사람들에게는 산소에 독성이 있다는 사실이 놀라울 것이다. 그렇게 된 것은 우리가 산소를 활용하도록 진화했기 때문이다. 우리의 백혈구는 산소를 이용해서 침입한 박테리아를 죽인다. 그러나 다른 생명체들에게 산소는 두려운 존재이다. 버터가 상하고, 쇠에 녹이 스는 것은 산소 때문이다.
   그러나 심지어 우리도 어느 정도까지의 산소만 허용할 수 있다. 우리 세포 속에서의 산소 농도는 대기 중 농도의 10퍼센트 정도이다.

생명이 출현하다

약 35억 년 전에 새로운 일이 일어나기 시작했다. 얕은 바다라면 어느 곳에서나 남조류는 아주 조금 더 끈적끈적해졌고, 그래서 먼지와 모래처럼 작은 입자들이 달라붙었다. 스트로마톨라이트라는 조금 흉측하게 보이기는 하지만 좀더 단단한 구조가 만들어졌다. 때로는 거대한 컬리플라워처럼 보이기도 하고, 기둥 모양으로 수면에서 수십 미터의 높이로 올라가기도 했다.

미토콘드리아의 침략

생명이 복잡하게 진화하기까지 오랜 시간이 걸렸다. 이유는, 작은 생물체들이 대기 중의 산소 농도를 현재의 수준까지 높여줄 때까지 기다려야 했기 때문이다. 그러나 일단 무대가 마련되자, 전혀 새로운 형태의 세포가 등장하기 시작했다. 미토콘드리아는 모래알 정도의 공간에 약 10억 개가 들어갈 수 있을 만큼 아주 작지만, 아주 굶주린 상태이다. 여러분이 섭취하는 거의 모든 영양분은 미토콘드리아를 먹여살리는 데에 사용된다. 미토콘드리아가 없으면 우리는 2분 이상 살 수가 없다.

수백만 종의 미생물

사람의 눈으로는 볼 수 없을 정도로 작은 단세포 미생물들이 등장했다. 박테리아와 (진짜 박테리아와는 다르지만 박테리아를 닮은) 고세균과 진균류가 있었다. 그리고 원시 조류, 변형균류, (아메바를 비롯한) 원생동물처럼 산소를 생산하는 종류도 있었다. 미생물들이 식물처럼 산소를 배출하거나, 여러분이나 나처럼 산소를 흡입하는 다세포 생물을 만들어냈다. 마지막으로 바이러스가 또 하나의 중요한 미생물이 되었다.

가장 오랜 조상

과학자들은 오랫동안 화석을 통해서 스트로마톨라이트에 대해서 알고 있었지만, 1961년에 오스트레일리아의 외딴 북서 해안에서 살아 있는 스트로마톨라이트 군체를 발견한 것은 정말 놀라운 일이었다. 오늘날 방문객들은 수면 바로 밑에서 조용하게 숨쉬고 있는 스트로마톨라이트를 볼 수 있다. 회색으로 광택도 없는 그것은 커다란 쇠똥처럼 보인다.

38억 년 전에 살았던 생물이 지금까지 살고 있는 모습을 보고 있다는 사실은 이상할 정도로 아찔한 느낌을 준다.

곧 살펴보겠지만 세상은 여전히 아주 작은 생명체의 소유라는 사실을 기억할 필요가 있다.

우리의 작은 세상

미생물에 대한 관심을 너무 개인적인 것으로 받아들이지 않는 편이 좋을 수도 있다.
실제로 미생물은 여러분의 몸과 그 주위에 상상할 수 없을 정도로 엄청나게 많기 때문에
도망치려고 애를 쓸 필요도 없다. 상당히 건강하고, 위생에 신경을 쓰는 사람이라고
하더라도, 피부에는 대략 1조 마리의 박테리아 무리가 살고 있다. 피부 1제곱센티미터당
10만 마리 정도에 해당하는 숫자이다.

모든 사람의 몸은
약 1,000조 개의 세포로
이루어져 있고, 약 100조 개의
박테리아 세포를 데리고 있다.
간단히 말해서, 박테리아는
우리의 상당히 큰 구성 요소인
셈이다. 물론 박테리아의
입장에서 우리는 그들에게
비교적 작은 부분이다.

박테리아 뷔페

피부에 붙어서 사는 박테리아는 매일 떨어지는 100억 개 정도의 피부 조각과,
땀구멍과 작은 틈에서 나오는 맛있는 기름과, 힘을 북돋워주는 미네랄 성분을
먹고산다. 그들에게 여러분은 가장 이상적인 뷔페 식당인 셈이다. 또 온기도
제공하고, 움직일 수 있도록 해준다. 그 보답으로 박테리아는 여러분에게
체취를 제공한다.

피부에만 박테리아가 사는 것은 아니다. 내장과 호흡기에 숨어 있는
것과 머리카락과 눈썹에 붙어 있는 것, 눈의 표면에서 수영하고 있는 것,
그리고 이의 에나멜에 구멍을 뚫고 있는 박테리아들도 몇조 마리에 이른다.
소화기관에만 적어도 400종에 100조 마리가 살고 있다. 당(糖)을 먹는 것도
있고, 녹말을 먹는 것도 있고, 다른 박테리아를 공격하는 것도 있다. 아무런
기능도 없이 그곳에 살고 있는 것도 놀라울 정도로 많다. 그저 여러분과 함께
있는 것을 좋아하는 것처럼 보인다.

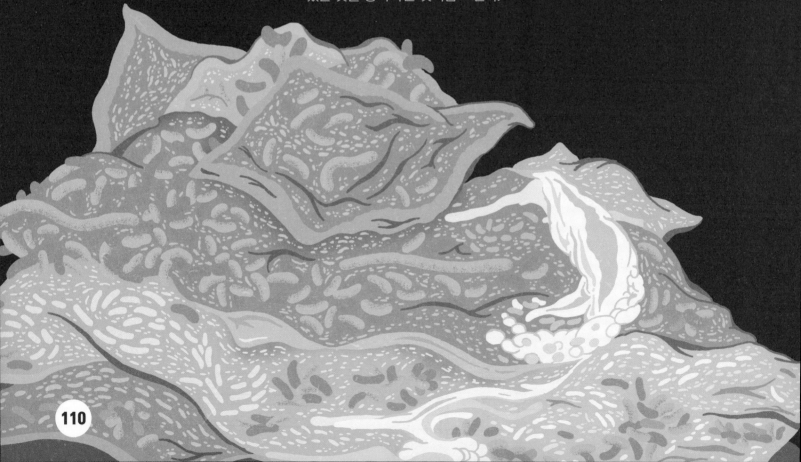

함께 서 있기

우리는 박테리아가 없으면 하루도 살 수가 없다. 박테리아는 우리가 버린 것들을 처리해서 다시 쓸 수 있도록 해준다. 박테리아가 부지런히 씹어먹지 않으면 아무것도 썩지 않는다. 박테리아는 물을 깨끗하게 해주고, 토양을 비옥하게 만들어준다. 내장 속에서 비타민을 합성하기도 하고, 우리가 섭취한 것을 쓸모 있는 당과 다당류로 바꿔주고, 몰래 숨어들어온 외래 미생물을 물리쳐주기도 한다. 공기 중의 질소를 우리가 사용할 수 있는 유용한 뉴클레오티드와 아미노산으로 변환시키는 일도 한다. 우리가 숨쉬는 공기를 제공하고, 안정하게 만들어주는 것도 미생물이다.

절대 죽는다고 말하지 말라

우리 인간은 덩치가 크고, 항생제와 소독약을 만들 만큼 똑똑하기 때문에 박테리아를 제거할 수 있을 것이라고 생각하기 쉽다. 그 말을 절대 믿지 말라! 박테리아는 나무, 벽에 붙어 있는 풀, 페인트 밑에 있는 금속도 먹어치운다. 펄펄 끓는 진흙 연못이나 소다회 또는 바위 속 깊은 곳에 사는 박테리아도 있고, 수면보다 압력이 1,000배나 더 높아서 점보 여객기 50대 밑에 깔려 있는 것과 같은 수심이 11킬로미터의 태평양 바다에 사는 박테리아도 있다.

빈둥거리기

아마도 지금까지 알려진 가장 특이했던 생존은 달 표면에 2년 동안 놓아두었던 카메라의 밀폐된 렌즈 속에서 찾아낸 연쇄상구균일 것이다.

박테리아는 사람이 흘리거나, 떨어뜨리거나, 아니면 몸에서 떨어져나온 거의 모든 것에서 살면서 번성한다. 기침을 했던 이 접시에서 24시간이 지나면 박테리아가 빠르게 자라난다. 그러나 중심에 있는 항생제 용액에서는 자라지 않는다.

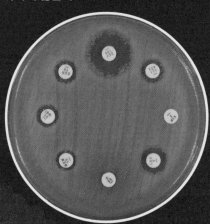

박테리아가 살아갈 준비가 되지 않은 환경은 거의 없다. 박테리아는 도시를 건설하거나 흥미로운 사회생활을 하지는 않지만, 우주가 종말에 이를 때까지 이곳에 있을 것이다.

병들게 만들기

그런데 그런 미생물이 왜 가끔씩 우리를 해치려고 할까? 살면서 누구나 그런 의문을 가질 수밖에 없다. 우리를 열에 들뜨게 하거나 오한에 떨게 하거나, 흉하게 염증을 일으키거나, 아니면 우리를 죽게 만드는 과정에서 미생물은 어떤 만족을 느낄까? 어쨌든 우리가 죽고 나면 우리의 몸이 더 이상 장기적인 은신처가 될 수도 없는데 말이다.

전체적으로 대략 1,000종의 박테리아 중에서 하나 정도가 인간에게 감염을 일으킨다. 그것도 충분히 많다고 생각하겠지만 말이다. 미생물은 여전히 세상 최고의 살인마이다.

암컷 모기는 알을 키우기 위해서 다른 동물로부터 피를 빨아먹는 과정에서 치명적인 질병을 옮긴다.

우선, 대부분의 미생물은 우리에게 아무런 해도 끼치지 않는다. 심지어 우리의 건강에 보탬이 되는 것도 있다. 가장 치명적인 감염을 일으키는 생물체인 올바키아라는 박테리아는 실제로 사람은 물론이고 어떤 척추동물도 해치지 않는다. 그러나 여러분이 새우나 지렁이나 초파리라면, 태어난 사실까지도 후회하도록 만든다.

움직이는 살인마

숙주를 불편하게 하는 것이 미생물에게 어느 정도의 혜택을 주기도 한다. 구토, 재채기, 설사 등은 미생물이 한 숙주에서 다른 숙주로 옮겨가는 아주 좋은 수단이다. 미생물은 이동성이 있는 제3의 숙주를 활용하기도 한다. 감염성 미생물은 모기를 아주 좋아한다. 희생자의 방어 메커니즘이 그들의 정체를 확인하기도 전에 모기의 바늘을 통해서 직접 혈액 속으로 들어갈 수 있기 때문이다. 말라리아, 황열, 뎅기열, 뇌염과 같은 1급 전염병이 모기에 물리는 것으로부터 시작되는 이유이다. 여러분이 살균제로 수백만의 미생물을 도살하면서도 신경을 쓰지 않듯이 미생물도 사람에게 무슨 일을 하는지에 무관심하다. 미생물의 관심사는 다른 곳으로 옮겨가기 전에 여러분이 죽는 것이다. 그러면 미생물도 역시 죽는다.

구원병

여러분을 해칠 가능성이 있는 요인들은 아주 다양하기 때문에, 몸에도 다양한 방어용 백혈구가 마련되어 있다. 1,000만 종에 이르는 백혈구가 각자 특별한 종류의 침입자를 확인해서 파괴하도록 고안되었다. 그러나 1,000만 종류의 서로 다른 현역부대를 유지하는 것은 불가능하기 때문에 각 종류의 백혈구들은 소수의 보초병만을 세워둔다. 감염체가 침입하면, 적당한 보초병이 침입자를 확인한 후에 적절한 형태의 구원병을 요청한다. 몸에서 그런 구원병을 생산하는 동안에는 아픈 증상을 느끼게 될 가능성이 높다. 구원병이 행동에 들어가면 회복이 시작된다.

백혈구는 잔인해서 발견할 수 있는 마지막 병원균까지 찾아내어 죽인다. 침입자들은 멸종을 피하기 위해서 신속하게 공격을 하고 다른 숙주로 옮겨가거나, 아니면 AIDS를 일으키는 HIV처럼 백혈구가 자신들을 찾아내지 못하도록 위장하고, 아무도 모르게 세포의 핵 속에 숨어 있다가 한꺼번에 튀어나와서 활동을 시작한다.

납치범 바이러스

세균들이 스스로 병에 걸리기도 한다는 사실이 조금 위안이 될 것이다. 세균들도 가끔씩 바이러스에 감염된다. 박테리아보다 더 작고 단순한 바이러스는 그 스스로 살아 있는 것이 아니다. 바이러스는 적당한 숙주를 납치해서 더 많은 바이러스를 만드는 수단으로 사용한다.

바이러스는 그 자체로 살아 있는 생물체가 아니기 때문에 지극히 단순하다. HIV를 비롯한 많은 바이러스들은 10개 이하의 유전자를 가지고 있다. 가장 단순한 박테리아도 수천 개의 유전자가 필요하다. 또한 바이러스는 너무 작아서 보통의 현미경으로는 볼 수 없다. 그렇지만 바이러스는 엄청난 피해를 일으킨다. 20세기에만 소아마비 바이러스가 **3억 명**을 희생시킨 것으로 추산된다.

대략 5,000종의 바이러스가 알려져 있고, 그것들은 독감과 감기에서부터 천연두, 공수병(광견병), 황열, 에볼라, 소아마비, AIDS를 일으키는 인간면역결핍 바이러스(HIV) 등 우리 건강에 치명적인 것까지 수백 가지의 질병을 일으킨다.

이런 냉혹한 사실을 마지막으로, 우리 눈으로 볼 수 없는 작은 세상의 이야기를 마칠 때가 되었다.

지금까지 우리는…

지질학자들은 전 세계에서 모은 엄청난 양의 화석과 암석을 이해하기 위해서 노력했다. 도대체 이해할 수 없는 이상한 증거도 있었지만, 그런 수수께끼를 해결하는 과정에서 과학자들은 지구의 내부 작동에 대해서 많은 것들을 배우게 되었다.

지금까지 알아낸 것들

- 세계의 지각판들이 판게아라는 하나의 거대한 대륙으로 합쳐져 있던 시기까지 거슬러올라갈 수 있다.
- 지구는, 뜨겁게 녹아 있는 암석 속에 덜 뜨거운 층과 단단한 껍질을 가진 뜨거운 공이다.
- 우리를 둘러싸고 있는 바다와 대기가 지구의 온도 유지에 도움을 준다.
- 원시 지구에서 물과 기체가 작은 생물이 출현할 수 있도록 해주었다.
- 미생물(박테리아와 바이러스를 포함)은 지구에서 가장 번성한 성공적인 생물체이다.

지각의 위와 아래에서 무슨 일이 일어나고 있을까?

1908 프랭크 버슬리 테일러는 지구의 대륙이 미끄러지면서 돌아다닌 적이 있고, 그런 움직임이 산맥을 솟아오르게 했다고 주장했다.

1912 알프레트 베게너는 삼엽충의 움직임을 살펴보고 대륙들이 엄청난 기간 동안 옮겨다녔을 수도 있다고 주장했다.

1935 미국의 지질학자 찰스 리히터와 베노 구텐베르크가 지진의 강도를 측정하는 리히터 규모를 개발했다.

1950년대 유진 슈메이커가 소행성의 지표면 충돌에 대한 중요한 연구를 시작했다.

1963 매슈스와 바인은 대양의 바닥이 확장되고 있다는 증거를 발견하고 대륙의 움직임, 즉 판 구조론을 확인했다.

1970년대 월터 앨버레즈와 그의 아버지가 지표면에서 공룡을 멸종시켰을 수도 있는 소행성 충돌의 증거를 발견했다고 발표했다.

화산과 지진이 땅을 흔들고, 우주 공간에서 소행성들이 지구로 쏟아지는 상황에서 우리가 이렇게 조용하게 살고 있다는 것은 정말 행운이라는 결론을 내릴 수밖에 없다.

우리의 작은 지역

우리는 지표면의 0.5퍼센트를 차지하고 있을 뿐이다. 나머지 지역은 물로 채워져 있거나, 너무 암석이 많거나, 높거나, 낮거나, 덥거나, 춥다.

지표면 위의 대기와 심해를 살펴보았고, 양쪽 모두에서 엄청난 압력을 받고 있다는 사실을 알아냈다.

작은 박테리아들이 우리 자신보다 훨씬 더 강하다는 사실도 발견했다. 그래서 그들은 수십억 년간 험한 지구에서 생존할 수 있었다.

그리고 그 박테리아들이 여전히 번성하고 있고, 우리 자신에게도 많다는 사실을 알아냈다!

위험 지역

우리는 지구의 모든 곳에 있는 위험 지역을 돌아보았다. 1755년의 리스본 지진, 움직이는 판 3개의 가장자리에 자리잡은 도쿄, 갑자기 폭발한 세인트 헬렌스 화산, 경고를 보내는 옐로스톤 국립공원, 아이오와 주 맨슨에 남아 있는 거대한 분화구, 해저 11킬로미터에 있는 마리아나 해구, 2029년에 우리를 공포에 몰아넣을 소행성 아포피스가 그런 곳이다.

우리가 알아내지 못한 것

오래 전에 뜨거운 바다에서 출현한 박테리아가 어떻게 우리처럼 키가 크고, 오만하고, 영리한 존재로 변했는지는 아직도 밝혀내지 못한 기적 같은 이야기이다.

그리고 이제부터 그런 사실을 살펴볼 것이다. 그런 모든 것들이 어떻게 우리에게로 이어지게 되었을까?

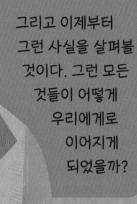

함께 사는 세포들

모든 것이 단 하나의 세포에서 시작된다. 하나의 세포가 분열해서
2개가 되고, 2개가 4개가 된다. 47회의 분열이 끝나면,
여러분의 몸에는 140조 개의 세포가 만들어지고
인간으로 탄생할 준비가 끝난다.

신비의 존재

가장 단순한 효모 세포를 만들려고 해도, 보잉
777 여객기 부품 수만큼의 초소형 성분들을
5마이크론 정도의 공 속에 넣어야 한다. 그런데
효모 세포는 인간 세포와 비교도 할 수 없다.
　세포에게 감춰야 할 비밀은 없다. 세포들은
여러분에 대해서 훨씬 더 많은 것을 알고
있다. 각각의 세포들은 몸에 대한 지침서라고
할 수 있는 완벽한 유전 암호를 가지고 있어서
자신이 해야 할 일과 몸속의 다른 세포들이 할 일도
모두 알고 있다. 세포들은 인구가 1만조 명인 국가를
구성하고 있고, 각 세포들이 하지 않는 일은 아무것도 없다.
세포들은 즐거움을 느끼고 생각을 할 수 있도록 해준다. 일어서서
팔다리를 펴고 뛰어놀도록 해주기도 한다. 음식을 먹으면 영양분을
추출해서, 에너지를 전달하고, 노폐물을 처리해준다. 배고픔을 느끼게 하고,
음식을 먹은 후에는 포만감을 느끼게 한다. 또 머리카락을 자라게 하고, 귓속을
청소하는 귓밥을 만들고, 뇌가 조용히 움직이도록 해준다. 몸이 위협을 받으면
즉시 방어에 나서고, 여러분을 위해서 주저 없이 죽기도 한다. 매일 수십억 개의
세포들이 그렇게 죽는다.

뇌 세포는 매시간 500개
정도가 죽는 것으로 추정된다.
심각한 고민을 해야 한다면
시간을 낭비하지
말아야 한다.

오늘 여기에 있다가 내일이면 사라진다

대부분의 세포는 한 달 이상 사는 경우가 드물지만, 예외도
있다. 뇌 세포는 평생을 함께한다. 태어날 때 1,000억
개 정도였던 것이 전부이다. 좋은 소식은 뇌 세포를
구성하는 부분들이 끊임없이 재생된다는 것이다. 사실
우리 몸에는 떠돌아다니는 분자는 물론, 어느 것도 9년
전에 우리의 일부였던 것은 없다.

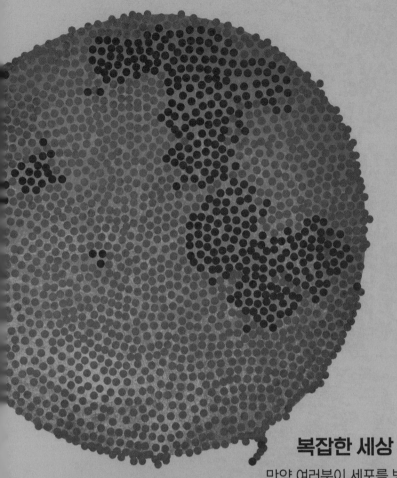

해면을 체로 걸러서 세포를 해체시킨 후에 물속에 넣으면…

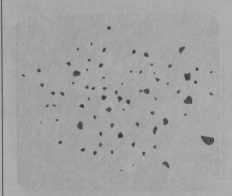

세포 조각들이 모여들어서 스스로 다시 해면의 구조를 회복한다.

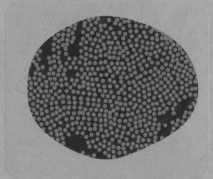

그런 일을 끊임없이 반복하더라도, 해면은 끈질기게 다시 모여든다….

복잡한 세상

만약 여러분이 세포를 방문한다면, 좋은 경험은 아닐 것이다. 세포를 구성하는 원자를 팥알 정도로 확대하면, 세포 자체는 지름이 800미터 정도 되고, 세포 골격이라고 부르는 받침대들이 복잡하게 얽혀 있는 모습일 것이다. 그 속에서는 농구 공이나 자동차 정도에 이르기까지 온갖 크기의 몇조 개의 물체들이 총알처럼 날아다닌다. 모든 방향에서 매초 수천 번씩 얻어맞지 않고 안전하게 서 있을 수 있는 곳은 어디에도 없다.

여러분의 거의 모든 세포들은 똑같은 계획에 의해서 만들어진다. 모두가 세포막이라는 바깥 껍질과, 여러분을 살아 있도록 해주기 위해서 필요한 유전 정보가 들어 있는 핵, 그리고 그 사이에 바쁘게 움직이는 세포질로 구성되어 있다.

여러분의 배터리

여러분을 살아 움직이게 해주는 것은 ATP라고 줄여서 표현하는 아데노신 삼인산이라는 분자이다. ATP는 세포에서 일어나는 모든 일에 필요한 에너지를 공급하는 작은 배터리이며, 여러분은 엄청나게 많은 ATP를 필요로 한다. 어느 한순간에 보통의 세포에 들어 있는 ATP의 수는 10억 개 정도에 이르지만, 2분 안에 하나도 남김없이 사라지고, 다시 10억 개가 새로 만들어진다. 피부가 따뜻하게 느껴지면, 그것이 바로 ATP가 작동하고 있다는 증거이다.

여러분과 나와 다른 모든 살아 있는 생명체와 마찬가지로 세포는 오직 하나의 압도적인 욕구를 가지고 있다. 바로 계속 존재하고 싶다는 것이다.

얼마나 오래 머무를까?

우리가 생명을 번성시키는 일도 잘하지만 멸종시키는 일은 더 잘하는 지구에서 살고 있다는 사실은 우리 존재의 기묘한 특징이다. 지구의 평균 생물종은 400만 년 동안 지속된다.

인간이라는 생물종이 이미 200만 년 정도 존재했다는 사실을 기억할 필요가 있다.

변할 준비를 하라

여러분이 수십억 년 동안 존재하고 싶다면 모양, 크기, 색깔, 다른 생물종과의 관계를 포함한 여러분 자신의 모든 것을 변화시킬 준비를 해야 하고, 반복적으로 변화해야만 한다. 물론 말로만 그렇게 하기는 쉽다. 단세포의 원형질에서 생각하고 느끼는 현대의 직립 인간이 되기 위해서, 지나칠 정도로 긴 시간 동안에 정확하게 필요한 순간에 맞춰서 새로운 특징을 확보해야 했다.

그래서 지난 38억 년 동안에 여러분은
- 산소를 멀리하다가 매혹되기도 했고,
- 지느러미와 팔다리와 멋진 날개를 기르기도 했고,
- 알을 낳기도 했고,
- 혀를 날름거리기도 했고,
- 매끄러운 몸을 가지기도 했고,
- 털을 기르기도 했고,
- 땅속에서 살기도 했고,
- 나무 위에서 살기도 했고,
- 사슴처럼 크기도 했고,
- 쥐처럼 작기도 했다.

행운이라고 생각하라

그런 진화의 길에서 아주 조금이라도 벗어났다면, 여러분은 지금 동굴 벽에 붙어서 사는 조류(藻類)가 되었거나, 바닷가 암석 위에서 빈둥거리는 해마(海馬)와 같은 동물이 되었거나, 맛있는 갯지렁이를 잡기 위해서 잠수하려고 머리 위의 숨구멍으로 공기를 뱉어내는 고래가 되었을 것이다.

여러분이 까마득한 오래 전부터 적절한 진화의 길을 따라오게 된 것도 행운이었지만, 여러분의 가문에서 태어날 수 있었던 것도 역시 대단한 기적이었다. 지구에 산이나 강이나 바다가 생기기도 훨씬 전이던 38억 년 전부터, 친가와 외가의 조상은 한 사람도 빠짐없이 모두 짝을 찾을 수 있을 정도로 매력적이었고, 자손을 낳을 수 있을 정도로 건강하게 오래 살 수 있었던 운명과 환경을 갖추었다. 그런 일이 여러분이 가지고 있는 오직 하나뿐인 유전적 조합의 순서를 따라서 계속되었다.

> 이런 모든 변화들이 어떻게 일어나게 되었는지 최선을 다해서 이해하도록 노력해보자.

우리의 선조 중 어느 누구도

밟히거나

물에 빠지거나

잡아먹히거나

갇히거나

치명적으로 다치거나

굶주리거나… 또는 아주 적은 양의 생명 생성 물질을 적절한 순간에 적당한 짝에게 전해주는 삶의 목적을 달성하지 못한 적은 없었다.

결정적인 승리

삼엽충은, 복잡한 다세포 생물들이 갑자기 터져나와서 캄브리아 폭발이라고 알려진 대략 5억4,000만 년 전에 처음으로 지구에 모습을 드러냈다. 그런 후에 신비로운 페름기 대량 멸종의 시기에 다른 수많은 생물들과 함께 사라졌다. 삼엽충은 멸종되기는 했지만, 지금까지 살았던 생물들 중에서 가장 성공한 종이었다.

서두르지 않는

삼엽충이 살았던 기간은, 역시 역사상 위대한 생존자였던 공룡이 생존한 기간의 두 배에 해당하는 3억 년이나 된다. 엄청나게 오랜 세월에 걸쳐서 삼엽충은 새로운 형태로 빠르게 진화했다.

대부분은 오늘날의 딱정벌레 정도로 작았지만, 신경계와 탐침, 일종의 뇌, 눈을 가지고 있었다. 삼엽충은 모험심이 강한 하나의 종이 아니라, 적어도 6만 종이나 있었고, 한두 곳이 아니라 전 세계의 모든 곳에서 살았다.

가득 찬 삼엽충

1909년 캐나다 로키 산맥의 산길을 오르던 미국의 화석학자 찰스 둘리틀 월컷은 엄청나게 많은 화석이 들어 있는 퇴적암층을 만났다. 버제스 이판암으로 알려지게 된 퇴적암층이 생성되던 5억 년 전에 그곳은 산 정상이 아니라 산 밑이었다. 아주 가파른 절벽 아래에 있던 얕은 바다 밑이었다. 당시의 바다는 생물로 가득했다. 보통은 몸체가 부드러워서 죽은 후에도 아무런 흔적을 남기지 못했다. 그러나 버제스에서는 절벽이 갑자기 무너지면서 생물들이 책 속에 넣어둔 꽃잎처럼 진흙더미에 짓눌렸기 때문에 놀라울 정도로 자세한 흔적을 남겼다.

삼엽충과 비교하면 인간은 지금까지 0.5퍼센트의 세월을 살았을 뿐이다.

고대의 절지동물

1925년까지 계속되었던 연례 여름 채집 여행에서 월컷은 수만 종의 화석을 채취하여 유일무이한 수집품을 만들었다. 단단한 껍질을 가진 것도 있었지만, 대부분은 그렇지 않았다. 눈을 가진 것도 있었고, 앞을 보지 못한 것도 있었다. 엄청나게 다양해서 발견된 생물 종만 140종이 넘는다는 주장도 있었다. 월컷은 삼엽충 전문가가 되었고, 삼엽충이 오늘날의 곤충과 갑각류를 포함하는 절지동물이라는 사실을 밝힌 최초의 사람이었다.

화석이 되기는 쉽지 않다

거의 모든 생물체의 운명은 서서히 무(無)로 분해되는 것이다. 10억 개의 뼈 중에서 하나 정도, 그리고 12만 종 중에서 1종만이 화석 기록에 포함된다. 우리가 가지고 있는 화석은 지구가 낳은 모든 생물들 중에서 극히 일부의 표본이다. 화석의 약 95퍼센트는 한때 물속에서 살던 동물의 것이다. 화석이 될 가능성은 지극히 낮다.

- 우선 적당한 곳에서 죽어야 한다. 암석 중에서 15퍼센트만이 화석을 보존해줄 수 있다. 그러므로 화강암 위에 쓰러진다면 아무 소용이 없다.
- 사체가 퇴적층 속에 묻혀서 젖은 진흙 위에 떨어진 나뭇잎처럼 자국이 남아야 한다.
- 산소가 없는 상태에서 분해되어 뼈처럼 단단한 부위가 남고 그 속이 물에 녹은 광물질로 채워져서 석화(石化)된 사본이 만들어져야 한다.
- 그리고 화석이 들어 있는 퇴적층이 지각현상에 의해서 밀려다니는 동안에도 어떤 식으로든 모양을 유지해야 한다.
- 마지막으로 가장 중요한 것은, 수천만 년이 흐른 후에 누군가가 화석을 발견해서 귀중하게 보관해주어야 한다.

이렇게 시작했다

생명은 정말 이상한 것이다. 시작을 하려고 안달하는 것처럼 보이지만, 일단 시작하고 나면 더 나아가려고 서두르지 않는다. 만약 지구의 45억 년 역사를 하루로 압축한다면, 최초의 단순한 단세포 생물이 처음 출현한 것은 아주 이른 시간인 새벽 4시경이었지만, 그로부터 열여섯 시간 동안은 모든 것이 정지되어 있었다.

생명의 하루 24시간

새벽 1시에 만들어진 지구는 생명이 시작되기에는 너무 뜨겁고 독성이 강한 곳이었다. 그러다가 **새벽 4시경**에 최초의 생명이 등장했다.

자정을 21분 남겨둔 시각에 공룡이 갑자기 사라지면서 포유류의 시대가 시작되었다. 인간은 자정을 1분 17초 남겨둔 시각에 등장했다.

공룡은 **저녁 11시** 직전에 무대에 등장해서, 45분 정도 무대를 휩쓸었다.

저녁 10시 직전에 느닷없이 육지에 사는 식물이 출현했다. 그리고 하루가 2시간도 남지 않았던 그 직후에 최초의 육상 동물이 나타나기 시작했다. 10분 정도의 온화한 기후 덕분에 저녁 10시 24분이 되면서 지구는 울창한 석탄기의 숲으로 뒤덮였고, 그 잔해가 바로 석탄이다. 그리고 날개가 달린 원시 곤충이 등장했다.

저녁 9시 4분에 삼엽충이 헤엄치며 등장했고, 곧이어 버제스 이판암의 멋진 생물들이 나타났다. 그리고 최초의 바다 식물이 출현했고, 20분 후에는 최초의 해파리와 원시 지의류가 나타났다.

거의 **저녁 8시 30분**이 될 때까지도 지구에는 불안정한 미생물뿐이었다.

무대 옆에서 기다리기

포유류가 공룡들이 사라지기까지 1억5,000만 년을 기다렸다가
지구 전체에서 번성했던 것처럼, 절지동물과 화석 채집가들에게
전성기를 가져다준 연체동물은 등장하기 전까지 정체불명의
존재로 때를 기다려야만 했다.

생존 의지

지의류(地衣類)를 생각해보자. 만약 바위에 붙어서 수십 년을
지내야 한다면 우리는 아마도 삶에 대한 의지를 잃게 될 것이다.
지의류는 분명히 그렇지 않다. 지의류는 지구에 살고 있는 생물들
중에서 눈에 띄지 않는 생물이다. 지의류는 햇볕이 잘 드는 교회
마당에서도 자라지만, 빨리 성장하는 다른 생물들과 경쟁할 필요가 없는
곳에서도 잘 자란다. 그래서 거의 아무것도 살지 않는 남극 대륙에서도 바람이
거센 바위라면 어느 곳이나 단단하게 달라붙어서 살고 있는 400여 종의
지의류를 발견할 수 있다.

　지의류는 아무 영양분도 없는 바위 위에 붙어서 살고, 씨앗도 만들지 않기
때문에, 사람들은 그것을 돌이라고 믿었다. 자세히 살펴보면, 지의류는 사실
진균류와 조류(藻類)의 연합체이다. 진균류는 산(酸)을 분비해서 암석을
녹이고, 조류는 그때 녹아나온 미네랄을 식량으로 변환시켜서 함께 살아간다.

사람의 팔 길이

지구의 45억 년 역사에서 우리가
얼마나 늦게 등장했는지를 이해하는
더 좋은 방법은 여러분의 팔을 쭉
펴고, 그 폭을 지구 전체의 역사에
해당한다고 생각하는 것이다.

그 척도에서 한쪽 손의 손가락 끝에서
다른 손의 손목까지가 선캄브리아기에
해당한다. 복잡한 생물은 모두
손바닥의 폭에 해당하는 기간에
등장했고, 손톱을 다듬는 줄에서
떨어지는 부스러기가 인간의 역사에
해당한다.

그런 시간 척도에서
기록으로 남아 있는 우리의
역사는 겨우 몇 초에
해당하는 기간이고, 사람의
일생은 한순간에 불과하다.

위험한 바다에서 탈출

지금까지 살펴본 것처럼 생물이 용기를 내서 일을 벌이면 번번이 중요한 사건이 벌어진다.
그러나 생명이 바다에서 벗어난 것보다 더 중대한 사건은 없었을 것이다.

4억5,000만 년 전부터 식물들이 땅을 점령하기 시작했다. 그와 함께 식물을 위해서 죽은 유기물을 분해하여 재활용할 수 있도록 해주는 진드기를 비롯한 다른 생물들이 나타났다.

큰 동물들이 육상으로 올라오기 위해서는 조금 더 많은 시간이 필요했다.

4억 년 전까지는 육지에 걸어다니는 생물이 없었다. 그후부터는 걸어다니는 생물들이 많아졌다.

프라이팬에서 나와…

물을 떠나야 할 확실한 이유가 있었다. 바닷속이 점점 위험해지고 있었기 때문이다. 대륙들이 시서히 판게아라는 하나의 거대한 대륙으로 합쳐짐에 따라서 해안선이 엄청나게 줄었고, 해안의 서식지도 대부분 사라졌다. 경쟁은 더욱 치열해졌다. 난폭한 포식 동물이 출현했다. 그 포식자는 처음부터 너무 잘 설계되어서 영겁이 지나도 거의 변화할 필요가 없었다. 그것이 바로 상어이다.

…불 속으로

육지의 환경은 끔찍했다. 덥고, 건조하고, 강한 자외선이 내리쬐고, 몸을 쉽게 움직이기도 어려웠다. 생물은 육상에서 살기 위해서 해부학적으로 엄청난 변화를 겪어야 했다. 척추가 약한 물고기는 양쪽 끝을 잡고 있으면 뼈가 몸무게를 지탱하지 못하기 때문에 중간이 처져버린다. 물이 없는 곳에서 해양 생물이 생존하기 위해서는 몸무게를 지탱하는 더 강한 골격이 필요했다. 육상 생물은 물이 아니라 공기 중에서 직접 산소를 흡입하는 방법이 가장 절실했다. 그런 변화는 하룻밤 사이에 일어날 수가 없었지만, 결국에는 일어났다.

마른 육지에서 처음 살았던 이동성 동물은 오늘날의 쥐며느리와 같은 것이었다. 이들은 바위나 통나무를 뒤집을 때마다 떼를 지어 기어나오는 작은 벌레(사실은 갑각류)이다.

숨쉬기

동물들에게는 좋은 시절이었다. 육상 생물이 처음 번성했던 초기의 산소 농도는 35퍼센트에 이르렀다(오늘날에는 20퍼센트에 가깝다). 육상 동물들은 놀라울 정도로 단기간에 놀라울 정도로 크게 자랐다. 가장 오래된 육상 동물의 증거는 스코틀랜드 바위에서 발견된 3억5,000만 년 전의 노래기와 비슷한 동물의 흔적이다. 그 크기는 1미터가 넘었다. 그런 시대가 끝나기 전에 일부 노래기류는 몸길이가 두 배가 될 정도로 커졌다.

산소의 농도가 높았던 가장 중요한 이유는, 당시 육지를 뒤덮고 있던 거대한 나무 고사리류와 광활한 습지 때문이었다. 죽은 식물들은 완전히 부패되지 않고 축축한 퇴적층으로 쌓여서 결국은 거대한 석탄층으로 압축되었다.

날아다니기

곤충들이 거대한 동물의 공격을 피할 수 있도록 진화했던 것은 놀라운 일이 아니다. 그래서 곤충들은 날아다니는 방법을 배우게 되었다. 곤충들은 새로운 이동 방법을 신비한 것으로 받아들여서 그후로도 변함없이 사용해왔다.

나무와 다른 식물들도 마찬가지로 엄청난 크기로 자랐다. 속새나 나무 고사리류는 15미터 이상의 높이까지 자랐고, 석송류(石松類)는 40미터까지 자랐다.

잠자리는 까마귀만큼 크게 자랐다. 지금도 그렇지만 당시의 잠자리도 시속 50킬로미터까지 날아가다가, 순간적으로 멈추고, 한곳에 떠 있다가, 뒤로 날아가기도 했다. 몸집의 상대적인 크기를 고려해보면 인간이 만든 어떤 비행기보다도 더 멀리 날아갈 수 있었다.

도대체 어디에서 왔을까?

우리의 선조라고 할 수 있는 최초의 육상 동물이 어떤 것이었는지는 아직 확실히 밝혀지지 않았다. 대부분의 동물은 다리가 넷인 사족동물(四足動物)이다. 다리 끝에는 최대 5개의 손가락이나 발가락이 붙어 있다. 공룡, 고래, 새, 인간, 심지어 어류까지도 모두 하나의 공통된 선조로부터 유래되었을 가능성이 높은 사족동물이다. 그러나 어류와 육상 동물을 분명하게 이어주는 화석은 발견된 적이 없다.

육상의 생물

초기 파충류에는 4개의 큰 줄기가 있었다. 첫 번째는 아주 초기에 사라졌고, 두 번째는 거북으로 진화했으며, 세 번째는 공룡으로 진화했다. 마지막은 공룡처럼 보이지만 사실은 파충류였다. 훗날 우리 자신을 포함한 포유류로 발전한 것은 이 마지막 줄기였다.

순서 기다리기

그러나 순탄한 항해는 아니었다. 마지막 그룹에게는 불행한 일이었지만, 사촌인 공룡과 함께 살아가기가 너무 힘이 들었던 우리 선조들 대부분은 기록에서 사라졌다. 그러나 아주 적은 수는 작고, 털을 가지고, 굴을 파고 살도록 진화해서 작은 포유류로 오랜 세월 숨죽이면서 지냈다. 그중에서 가장 큰 것도 고양이 정도에 불과했고, 생쥐보다 큰 것은 거의 없었다. 하드로코디움이라는 쥐처럼 생긴 동물은 종이 클립과 같은 2그램의 작은 몸집이었지만, 몸집에 비해서 뇌가 아주 컸다. 결국 그런 특성이 살아남는 힘이 되었지만, 공룡의 시대가 갑자기 끝나기까지 거의 1억5,000만 년을 기다려야 했다.

우리가 존재하게 된 것은
다리가 솟아나와
바다 바깥으로 걸어나온
어류 덕분이 아닌 것은
거의 확실하다.

위대한 생존자

우리가 공룡에 대해서 실제로 알고 있는 것은 많지 않다. 지금까지 대략 1,000종에도 미치지 못하는 공룡의 정체를 알아냈을 뿐이다. 공룡은 단 한 번의 사건에 의해서 멸종되기까지 대략 포유류의 3배에 해당하는 기간 동안 지구를 지배하면서 번성했다.

계속, 계속, 끝

생물이 등장한 후로 지금까지 얼마나 많은 생물종이 존재했는지는 아무도 모른다. 흔히 300억 종이라고 하지만, 4조에 이른다는 주장도 있다. 지금까지 살았던 모든 종의 99.99퍼센트는 더 이상 우리와 함께 있지 않다.

이런 거대한 변화들은 멸종이라는 믿기 어려운 원동력에 의해서 일어났다.

오는 것과 가는 것

지구 역사에는 다섯 차례에 걸친 대규모 멸종 사건이 있었다.
오르도비스기와 데본기의 멸종에서는 각각 약 80-85퍼센트의
생물종이 사라졌다. 트라이아스기와 백악기의 멸종에서는
각각 70-75퍼센트의 생물종이 사라졌다.

'초대형' 멸종

그러나 정말 초대량은 공룡 시대의 막을 열어준 페름기
대멸종이었다. 페름기에는 화석 기록으로 확인되는 동물종
중에서 95퍼센트가 다시 돌아오지 않았다. 삼엽충은 완전히
사라졌다. 대합과 성게는 거의 사라질 뻔했다.
곤충의 3분의 1도 사라졌다.

무엇 때문이었을까?

크고 작은 멸종 사건의 주된 원인에 대해서 우리는 거의 알지 못한다.
지구 온난화, 지구 냉각화, 해수면의 변화, 바다의
산소 고갈, 전염병, 해저 메탄가스의 대량 방출,
운석이나 혜성 충돌, 슈퍼 태풍, 태양 플레어
(solar flares), 거대한 화산 폭발이 모두
원인이 될 수 있었다. 더욱이 과학자들은
어떤 멸종이 100만 년 또는 수천 년에
걸쳐 일어난 것인지, 아니면 하루 만에 일어난
것인지에 대해서도 합의를 하지 못한다.

주요 멸종 사건

오르도비스기(4억 4,000만 년 전)
삼엽충과 함께 코노돈트가 사라졌다.

데본기(3억 6,500만 년 전)
강한 턱을 가진 어류인 판피어가
사라졌다.

페름기(2억 4,500만 년 전)
단궁아강(單弓亞綱)이 사라졌다.

KT 멸종

지구가 견뎌낸 수천 번의 충돌 중에서 6,500만 년 전에 일어났던 KT 충돌이 유난히 파괴적이었던 이유는 무엇일까? 그 충돌은 확실히 규모 면에서 엄청났다. 그 충격은 1억 메가톤 정도였다. 오늘날 지구에 살고 있는 사람들 각자에게 히로시마급의 원자폭탄을 터뜨린 것 이상이었다. 모든 공룡은 사라졌지만, 뱀이나 악어 같은 파충류는 아무런 피해도 입지 않았던 이유는 무엇일까? 분명히 물에 사는 것이 도움이 되었을 것이다. 살아남은 육상 동물은 모두 위험에 처하면 물속이나 땅속처럼 안전한 곳으로 피하는 습성이 있었으며, 전체적으로 볼 때 큰 동물은 멸종되고 몸집이 작고 숨어 사는 동물들은 살아남았다.

초대형 포유류와 조류

공룡이 사라지고 나서는 포유류가 무섭게 확산되기 시작했다. 한동안 코뿔소 정도의 큰 기니피그와 이층 집 정도 크기의 코뿔소가 살았던 적도 있었다. 거대하면서 날지 못하는 육식성의 타이타니스는 역사상 가장 사나운 새였다. 키는 2미터가 넘었고, 몸무게는 150킬로그램이나 되었던 그 새는 자신을 방해하는 모든 것들의 머리를 찢어버릴 수 있는 부리를 가지고 있었다.

우리는 생물에 대해서
세 가지 사실을 알아냈다.

• 강력한 생존 의지를 가지고 있다.
• 언제나 많은 것들을 원하지는 않는다.
• 가끔씩 멸종하기도 한다.

여기에 네 번째 사실을 더할 수도 있다. 생물은 계속되고, 정말 대단한 방법으로 계속되기도 한다.

트라이아스기(2억1,000만 년 전)
거의 모든 해양 파충류가 사라졌다.

백악기(6,500만 년 전)
티라노사우루스가 사라졌다.

말이 사라질 뻔했다

대규모 멸종 사건 사이에는 잘 알려지지 않았고, 특정한 생물종에게만 영향을 주었던 작은 규모의 멸종 사건들도 많았다. 예를 들면, 말을 포함한 초식 동물들은 약 500만 년 전에 거의 사라질 뻔했다.

이름표 붙이기

빅토리아 시대의 수집가들이 전 세계에서 신기한 동물과
식물의 표본을 수집하기 시작했다. 새로운 정보를 모두
기록하고 분류한 후에 이미 알려진 것과 비교했다.
모든 것들을 분류하고 이름을 붙이는 실용적인 분류 체계가
절실하게 필요했으나, 여전히 한 세기를 더 기다려야 했다.

다른 이름의 장미

1730년대 초에 칼 폰 린네(라틴 이름 : 카롤루스 리나이우스)
라는 스웨덴의 식물학자가 자신이 고안한 분류 체계를 이용해서
세계의 식물과 동물을 분류한 목록을 발표하기 시작하면서 점차
명성을 얻었다. 땅꽈리는 '피살리스 암노 라모시시메 라미스
앙굴로시스 글라브리스 폴리스 덴토세라티스'라고 불렸다.
린네는 그 이름을 '피살리스 앙굴라타'로 줄였다. 이름을
붙이는 방법에는 일관성이 없었다. 식물학자들은 로사
실베스트리스 알바 쿰 루보레 또는 폴리오 글라브로가,
다른 사람들이 로사 실베스트리스 이노도라 세우 카니나라고
부르는 식물과 같은 것인지를 쉽게 확인할 수가 없었다. 린네는
그런 수수께끼를 로사 카니나(들장미)라는 이름으로 해결했다.
그는 각각의 종에 간결하게 두 단어로 된 성과 이름을 붙였다.

모든 것이 정돈된

린네 분류법은 너무 일반화되어서 다른 분류법이 있었다는 사실을 상상하기도 어렵다. 그러나 린네 이전의 분류법은 변덕이 아주 심했다. 동물은 야생인가 가축인가, 육상 동물인가 해양 동물인가, 몸집이 큰가 작은가, 심지어는 멋있고 고상하게 생겼는가, 아니면 평범하게 생겼는가에 따라서 분류되기도 했다. 린네는 살아 있는 모든 것들을 신체적인 특징에 따라서 분류함으로써 문제를 바로잡는 것을 평생의 과제로 삼았다. 분류의 과학이라고 알려진 **분류학**에서는 절대 과거를 돌아보지 않는다.

고래가…?

처음에 린네는 각 식물에 갈색 딱정벌레 1, 갈색 딱정벌레 2와 같이 속(屬) 이름을 붙이려고 했다. 그러나 곧 그 방법이 불충분하다는 사실을 깨달았다. 결국 그는 약 1만3,000종의 식물과 동물에 이름을 붙였다. 그의 분류 체계에는 일관성, 질서, 단순성, 시의적절성이라는 특징이 있다. 그는 고래를 소나 쥐를 비롯한 일반적인 육상 동물들과 함께 쿼드루페디아목(후에 포유류강으로 바뀌었다)에 속하도록 분류했다. 그전에는 아무도 그렇게 분류하지 않았다.

자신의 이름

린네처럼 자신의 위대함을 당연하게 여겼던 사람도 드물었다. 그는 '역사상 더 위대한 식물학자나 동물학자'는 없고, 자신의 분류 체계가 '과학에서 가장 위대한 업적'이라고 주장했다. 그는 겸손하게도 자신의 묘비에 프린케프스 보타니코룸(식물학의 왕자)이라고 새겨줄 것을 요청했다. 그의 입장에서는 의문의 여지가 없었다. 린네에게 의문을 제기하는 것은 현명한 일이 아니었다. 그랬다가는 잡초에 자신의 이름이 붙을 수도 있었다.

식물과 동물

본래 린네는 식물계, 동물계, 광물계(오래 전에 폐기되었다)의 3계(界)를 구상했다. 동물계는 포유류, 파충류, 조류, 어류, 곤충류, 그리고 (첫 다섯 부류에 속하지 않는 벌레들을 포함하는) '연형동물' 또는 벌레의 여섯 부류로 나누었다. 린네 이후의 과학자들은 박테리아와 같은 생물을 뜻하는 모네라계, 원생동물과 조류(藻類)를 포함하는 원생생물계, 진균계의 3개의 계를 추가했다.

여러분의 이름표

린네는 살아 있는 모든 것들을 가장 기본 영역에서부터 시작하는 종의 이름으로 기록했다. 여러분의 이름표는 다음과 같다.

종 : 호모 사피엔스
 … 속 : 호모
  … 과 : 사람과
   … 목 : 영장목
    … 강 : 포유류강
     … 문 : 척색동물문
      … 계 : 동물계
       … 원시 영역 : 진핵생물

도대체 셀 수가 없다!

린네가 남긴 훌륭한 업적에도 불구하고, 우리는 지구에 살고 있는 생물종의 수가 얼마나 되는지 전혀 알지 못한다. 추정치는 300만 종에서 2억 종에 이르기까지 다양하지만, 전 세계에 분포하는 식물종과 동물종 중에서 97퍼센트가 아직 발견되지 않았을 수도 있다. 그 이유는 무엇일까?

얼마나 많은가!

아무 숲에나 걸어 들어가서 허리를 굽혀 한 줌의 흙을 움켜쥐면, 그 속에는 100억 마리의 박테리아가 살고 있을 것이고, 그중의 대부분은 과학계에 알려지지 않은 것이다.

여러분이 움켜쥔 흙 속에는 100만 마리의 포동포동한 효모, 20만 마리의 곰팡이로 알려진 털이 달린 작은 진균류, 1만 마리의 원생동물(그중 아메바가 가장 유명하다), 그리고 온갖 종류의 담균충, 편형동물, 회충을 비롯해서 미확인 미생물들이 가득 들어 있을 것이다. 그중의 대부분은 아직까지 확인되지도 않은 것이다.

너무 작아서

지구에 살고 있는 대부분의 생물들이 작다는 사실은 이미 설명했다. 그것은 그렇게 나쁜 일이 아닐 수도 있다. 만약 한밤중에 기어나와서 피지방과 살비듬으로 향연을 벌이는 200만 마리의 작은 진드기가 침대 매트리스에 살고 있다는 사실을 알고 나면 쉽게 잠들기 어려울 수도 있다. 베개 속에도 4만 마리가 살고 있다. 6년 정도 사용한 베개 무게의 약 10퍼센트는 '벗겨진 피부와 살아 있는 진드기와 죽은 진드기, 그리고 진드기의 배설물'일 것으로 추정된다. (그렇다고 해도 그것들은 여러분의 진드기이다!)

너무 멀리 있어서

우리가 엄청나게 많은 생물종을 찾아내지 못했던 것은 단순히 그동안 우리가 적당한 곳을 쳐다보지 않았기 때문일 수도 있다. 보르네오의 밀림에서 며칠을 돌아다닌 식물학자가 북아메리카 대륙 전체에 존재하는 것보다 더 많은 1,000여 종의 꽃식물을 찾아내기도 했다. 식물은 찾아내기 어렵지 않다. 다만 아무도 그곳을 살펴보지 않았을 뿐이다. 열대 우림은 지표면의 약 6퍼센트에 불과하지만, 동물의 절반 이상과 꽃식물의 3분의 2가 그곳에 살고 있다. 그러나 그런 지역의 대부분은 여전히 미확인 상태이다.

찾는 사람이 너무 적어서

찾아내서 살펴보고 기록을 해야 할 대상은 그런 일을 할 수 있는 과학자들의
수를 훨씬 넘어선다. 널리 알려지지 않은 담륜충의 경우를 살펴보자.
이 미생물은 거의 어떤 조건에서도 생존할 수 있다. 환경이 나빠지면 대사를
중단하고, 서로 뭉쳐져서 환경이 좋아질 때까지 기다린다. 그런 상태에서는
끓는 물에 넣거나 또는 절대온도 0도에 가깝도록 냉각을 시키더라도, 그런
고문이 끝나고 다시 적당한 환경으로 돌아오면 마치 아무 일도 없었던 것처럼
풀어져서 움직이기 시작한다. 지금까지
500여 종이 확인되었지만, 실제로
몇 종이나 존재할지에 대해서는
짐작조차 하지 못하고 있다.
담륜충에게 조금이라도 관심이 있는
사람의 수는 헤아릴 수 있을 정도이다.

살펴볼 곳이 너무 넓어서

기린과 가장 가까운 종인 오카피는
아프리카 자이르의 우림 속에
상당수가 살고 있는 것으로
알려져 있다. 그 수는 3만
마리 정도에 이를 것으로
추정된다. 기원전 480
년경 고대 페르시아의
페르세폴리스에 있던
건물 벽에 그림이 그려져
있었음에도 불구하고, 서양에서는 20세기까지도 그런 동물이 존재한다는
사실조차 짐작하지 못했다. 뉴질랜드에 사는 몸집이 크고 날지 못하는
타카히라는 새는 200년 동안 멸종된 것으로 여겨졌지만, 사우스 섬의
오지에서 여전히 살고 있다는 것이 밝혀졌다. 1995년에 티벳의 외딴 계곡에서
폭설을 만나 조난을 당했던 프랑스와 영국의 과학자들은 선사시대의
동굴 벽화에서나 보았던 리워체라는 말을 찾아냈다.

> 모든 것들을 추적하는 것이 불가능하다는 사실이
> 불만스러울 수도 있지만, 참을 수 없을 정도로
> 흥분되는 일이기도 하다. 우리는 우리를 놀라게
> 해줄 무한한 능력을 가진 행성에서 살고 있다.

잊힌 지네류

1980년대에 아마추어 동굴 탐험가들이
언제부터인지는 모르겠지만 오랫동안
폐쇄되어 있던 루마니아의 깊은 동굴에
들어가서 33종의 곤충과 거미, 지네와
같은 작은 생물들을 발견했다. 모두가
앞이 보이지 않고, 색깔이 없고, 과학계에
알려지지 않은 것들이었다. 그런
생물들은 물웅덩이와 온천의 표면에
있는 찌꺼기들을 먹고 살았다.

미래로 떠나는 여행

19세기 중엽에 자연학자 찰스 다윈은 '인간이 찾아낸 가장 훌륭한 생각'을 가지고 있었지만, 15년 동안 서랍 속에 넣어두었다.

일생일대의 기회

교회에서 일할 운명이었던 찰스 다윈은 느닷없이 훨씬 더 매력적인 제안을 받았다. 그는 해군 탐사선 비글 호를 타고 항해를 하면서 해안의 지도를 만드는 임무를 맡아달라는 요청을 받은 것이다. 모든 면에서 비글 호의 항해는 성공적이었다. 다윈은 평생토록 잊지 못할 모험을 했고, 명성을 얻었으며, 평생 연구할 표본을 채취할 수 있었다. 그는 훌륭한 보물이 된 거대한 고대 화석들을 발굴했다. 일종의 나무늘보인 메가테리움 화석은 지금까지도 상태가 가장 훌륭한 것으로 알려져 있다. 그는 칠레의 엄청난 지진에서도 살아남았고, 새로운 종류의 돌고래도 발견했고, 안데스 전역에 대한 지질학 연구도 했고, 산호 환초(環礁)의 형성에 대한 훌륭한 이론도 세웠다.

평생을 기울인 노력

스물일곱 살에 집으로 돌아온 그는 자신이 보았던 것에 대해서 심사숙고하던 중, 생물종 대부분의 일생은 생존하기 위한 영원한 투쟁이라는 생각을 하게 되었다. 일부가 성공하면 그런 장점을 후손에게 전해줄 것이 분명했다. 그런 식으로 끊임없이 개선되는 종도 있지만, 실패해서 사라지는 종도 있다. 이 아이디어를 꿰어맞추어 완성하기까지는 시간이 걸렸다. 비글 호에서 가져온 표본 상자들을 정리해야 했기 때문에, 영국에 돌아온 지 5년이 지난 1842년이 되어서야 다윈은 마침내 자신의 새로운 이론을 구상하기 시작했다.

인간과 유인원

모든 사람들이 다윈의 주장에 인간이 유인원의 후손이라는 내용이 담겨 있을 것이라고 생각하지만, 전해지는 이야기일 뿐이다. 다윈도 그런 주장이 심한 논란을 불러일으킬 것이라는 사실을 알았기 때문에 아무에게도 공개하지 않으려고 노력했다. 사실 앨프리드 러셀 월리스라는 젊은 자연학자가 다윈의 비밀 노트와 믿을 수 없을 정도로 비슷한 자연선택 이론을 설명한 편지를 보내지 않았더라면, 그의 원고는 그가 사망할 때까지 감춰져 있었을 것이다.

월리스와 다윈은 한동안 편지를 주고받던 사이였고, 월리스는 다윈이 관심을 가질 만한 표본을 보내준 적도 있었다. 물론 월리스는 자신이 발표하려고 한 이론이 20년 동안 진화시켜왔던 다윈의 이론과 거의 똑같다는 사실을 알지 못했다.

「종의 기원」에 대하여

다윈은 자신의 결과를 서둘러 발표해야 했고, 1858년 7월 1일에 다윈과 월리스의 이론이 함께 세상에 공개되었다. 다윈은 생물종이 더욱 강해지거나 좋아질 수 있는 메커니즘을 제시했다. 한마디로 적자(適者)였다. 예상대로 그의 주장은 많은 사람들, 특히 인간의 기원에 대한 종교적 주장을 믿었던 사람들을 불쾌하게 했다.

다윈이 「인간의 유래」에서 인간과 유인원의 관계에 대한 자신의 믿음을 분명하게 밝힌 것은 훨씬 훗날이었다. 당시의 화석 기록에는 그런 주장을 뒷받침할 근거가 없었다. 당시에 알려져 있었던 가장 오래된 초기 인류의 유골은 독일에서 발견된 유명한 네안데르탈인과 알 수 없는 턱뼈 조각 몇 개뿐이었다. 「인간의 유래」는 「종의 기원」보다 훨씬 더 논란이 되었지만, 그 책이 발간되었을 때는 이미 사람들이 그렇게 흥분하지도 않았고, 문제가 커지지도 않았다.

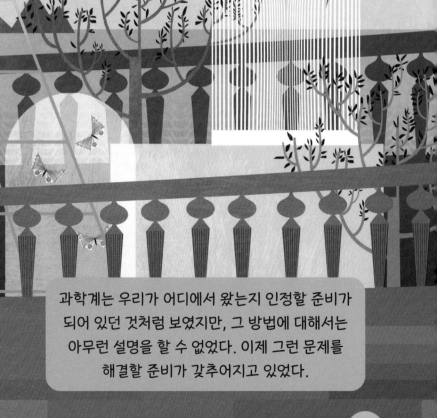

과학계는 우리가 어디에서 왔는지 인정할 준비가 되어 있던 것처럼 보였지만, 그 방법에 대해서는 아무런 설명을 할 수 없었다. 이제 그런 문제를 해결할 준비가 갖추어지고 있었다.

조용한 수도사

다윈은 종의 한 세대에서 만들어진 우세한 형질은 다음 세대로 전해지면서 종을 강화시킨다고 믿었다. 그러나 형질은 세대로 전해지는 과정에서 희석되고 약화된다고 주장했다. 다윈은 미처 알지 못했지만, 중부 유럽의 조용한 구석에서는 그레고어 멘델이라는 은퇴한 수도사가 그의 주장이 옳았다는 증거를 찾아내고 있었다.

멘델은 빠르게 번식이 된다는 이유로 완두를 선택했다. 완두는 색깔, 모양 등 쉽게 알아볼 수 있는 단순 형질을 가지고 있다.

멘델은 1822년 오늘날 체코 공화국이 된 오스트리아 제국에 있는 평범한 가정에서 태어났다. 정원 가꾸기에 관심이 많은 수도사였던 그는 교육을 받은 과학자였다. 그는 물리학과 수학을 공부했고, 모든 일에 과학적 원리를 활용했다. 더욱이 브르노의 수도원은 학구적인 곳이었다. 수도원에는 2만 권의 장서를 보유한 도서관이 있었고, 확고한 과학적 전통도 가지고 있었다.

온실 실험실

멘델은 실험을 시작하기 전에 대조군으로 사용할 7종의 완두가 제대로 교배되는지를 확인하기 위해서 2년 동안 준비 작업을 했다. 그런 후에 그는 두 사람의 전임 조수와 함께 3만 그루의 완두를 이용해서 교배와 잡종 교배를 반복했다. 실험은 매우 정교했다. 그들은 실수로 잡종 교배가 되지 않도록 극도로 주의했고, 성장 과정에서의 모든 변이는 물론이고, 씨앗, 깍지, 잎, 줄기, 꽃의 모양을 꼼꼼하게 관찰했다.

깍지 속의 완두처럼

그는 모든 씨앗이 부모 완두로부터 물려받은 우성과 열성의 두 가지 '인자'를 가지고 있으며, 그런 인자들이 결합되면 예측 가능한 유전의 패턴이 만들어진다는 사실을 확인했다. 오늘날 우리는 멘델의 연구가 유전자에 대한 이해의 바탕이 되었다는 사실을 알고 있다. 유전자는 염색체의 일부로 우리를 서로 같거나, 다르게 만들어준다. 그는 우리가 유전 형질의 비밀, 즉 우리가 부모를 닮아서 키가 크거나 작고, 뚱뚱하거나 마르고, 다른 가족을 많이 닮게 되는 이유를 밝혀냈다. 그는 당시에 존재하지 않았던 '유전자'라는 단어는 사용하지 않았다. 그렇지만 그가 발명한 것은 실제로 **유전학**이라는 분야였다.

새와 벌로 되돌아가서

완두 연구로 8년을 보낸 멘델은 꽃이나 옥수수와 같은 식물에 대한 실험으로 자신의 결과를 확인했다. 문제가 있었다면, 멘델의 접근방법이 지나칠 정도로 과학적이었다는 점이다. 그가 1865년 브르노 자연사학회에서 자신의 실험 결과를 발표했을 때, 40여 명의 청중은 점잖게 듣기는 했지만 아무런 감동도 받지 못했다. 마찬가지로 당시의 위대한 식물학자들도 멘델이 우리가 왜 우리인지를 설명하는 돌파구를 찾아냈다는 사실을 인식하지 못했다. 실망한 멘델은 대수도원장이 되었고, 벌, 쥐, 태양의 흑점 등을 연구하면서 별난 채소들을 재배했다.

두 명의 위인

멘델은 기억 속에서 완전히 사라졌다가 과학자들에 의해서 20세기에 재발견되었고, 세상은 그를 인정하기 시작했다. 다윈은 모든 생물들이 서로 연결되어 있고, 궁극적으로는 단 하나의 공통 조상으로 이어진다는 사실을 알아냈다. 멘델의 연구는 그런 주장을 확인해주는 유전에 대한 설명을 제공했다. 두 사람은 깨닫지 못했지만 20세기의 모든 생명과학의 기초를 닦아놓았던 것이다.

그러나 100년 전 최고의 과학자들이 실제로 아기가 어떻게 태어나는지를 몰랐다는 것은 꽤 놀라운 일이다. 이제 알아보기로 하자.

우리는 모두 행복한 대가족

여러분의 부모님이 초(秒)와 심지어 나노(10^{-9}) 초까지 정확한 바로 그 순간에 결합하지 않았더라면, 여러분은 지금 이곳에 없을 것이다. 그리고 부모님의 부모님이 정확한 시각에 같은 방식으로 결합하지 않았더라도, 여러분은 지금 이곳에 없을 것이다. 그분들의 부모님과, 다시 그 이전의 부모님이 결합하지 않았더라면, 여러분은 이곳에 없을 것이다.

윌리엄 아저씨에게…

시간을 거슬러올라가면, 조상에 대한 빚은 빠르게 쌓여가게 된다. 8세대 정도를 거슬러올라서 찰스 다윈과 에이브러햄 링컨이 태어난 시절로 돌아가면, 여러분의 존재를 결정한 결합에 참여한 선조의 수는 250명을 넘어선다. 더 나아가 셰익스피어 시대로 올라가면, 그 수는 1만6,384명에 이르게 된다. 여러분의 가계에서 20세대를 올라가면, 여러분의 출생에 기여한 사람의 수는 1,048,576명이 된다. 그보다 5세대를 더 올라가면 무려 33,554,432명이 된다. 여러분의 탄생을 위해서 얼마나 많은 에너지가 필요했는지를 짐작하기 시작했을 것이다.

여러분의 배경이 되는 수백만 명의 선조 중에서 외가의 한 사람이 친가의 누군가와 함께 자손을 남겼을 가능성은 매우 높다. 사실 버스나 공원이나 카페나 또는 사람이 많은 곳을 둘러보면, 대부분의 사람들은 아마도 친척일 가능성이 높다.

> 우리는 모두 놀라울 정도로 닮았다.
> 여러분의 유전자를 다른 사람과 비교해보면,
> 평균적으로 약 99.9퍼센트가 똑같다.
> 그래서 우리는 같은 종에 속한다.

가장 근본적인 의미에서
우리는 모두 가족이다.

파리의 눈

형질 유전의 핵심이 세포에 있는 염색체라는 사실을 증명한 사람은 미국의 과학자 토머스 헌트 모건이었다. 1908년에 모건은 작고 정교한 파리를 연구하기 시작했다. 과일 파리는 실험용 대상으로서 아주 매력적이었다. 키우는 비용이 거의 들지 않고, 우유병 속에서 수백만 마리를 키울 수 있으며, 알에서 번식이 가능한 성충이 되기까지 열흘 정도 걸리고, 염색체가 4개여서 문제가 단순해진다.

모건과 그의 연구진은 수백만 마리의 파리들을 신중하게 교배와 잡종 교배를 시켰다. 파리를 한 마리씩 족집게로 잡아서 유전에 따른 작은 변이들을 살펴보았다. 그들은 6년 동안 파리에게 X-선을 쪼이거나, 밝은 불 밑이나 깜깜한 곳에서 키우기도 했고, 오븐에 넣고 살짝 열을 가하기도 했으며, 회전시켜서 변화를 유도해보려고 했다. 그러나 어떤 방법도 소용이 없었다. 모건이 거의 포기하려고 했을 때, 보통의 붉은 눈 대신 흰 눈을 가진 파리가 태어났다. 이제 그는 후손에서 형질을 재현할 수 있었고, 염색체가 유전의 핵심이라는 사실을 증명하게 되었다.

사슬 풀기

여러분이 가지고 있는 1만조 개의 세포에는 핵이 있다. 핵에는 46개의 염색체가 있고, 그중 23개는 어머니, 나머지 23개는 아버지에게서 받은 것이다. 염색체에는 데옥시리보핵산, 즉 DNA라는 실처럼 생긴 입자가 들어 있다. DNA의 97퍼센트는 아무런 의미도 없는 잡동사니이다. 생명 기능을 통제하는 부분은 사슬의 이곳저곳에 흩어져 있다. 이것이 바로 오랫동안 감춰져 있었던 유전자들이다.

껍질을 벗겨내면…

인간 유전자의 60퍼센트 이상이 과일 파리의 유전자와 똑같다. 우리는 과일 파리나 채소와도 상당히 밀접한 관계를 가지고 있다. 예를 들면, 바나나에서 일어나는 화학적 기능의 대략 절반은 여러분의 몸에서 일어나는 것과 똑같다.

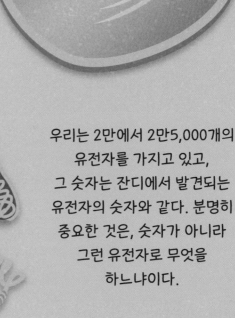

핵

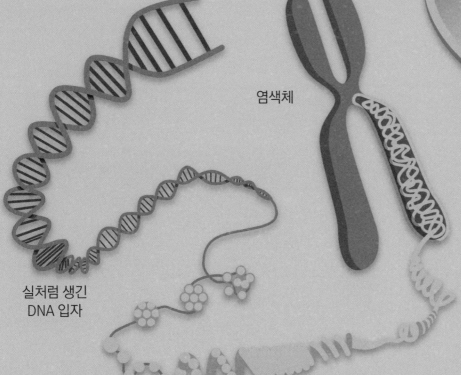

염색체

실처럼 생긴 DNA 입자

우리는 2만에서 2만5,000개의 유전자를 가지고 있고, 그 숫자는 잔디에서 발견되는 유전자의 숫자와 같다. 분명히 중요한 것은, 숫자가 아니라 그런 유전자로 무엇을 하느냐이다.

생명의 사슬

프랜시스 크릭과 제임스 왓슨은 DNA를 만드는 네 가지 화학 성분의 모양으로 잘라낸 판지 조각을 이용해서 그것들이 어떻게 짝을 이루어 맞추어지는지를 알아낼 수 있었다. 1953년의 발견으로부터 금속판을 나선 모양으로 연결시켜서 만든 현대 과학에서 가장 유명한 메카노 식 모형을 제작하는 데는 하루나 이틀이 걸렸을 뿐이다. 그들의 업적은 훌륭한 탐정 업무의 결과였음이 틀림없었다.

비밀 코드

크릭과 왓슨은 DNA 분자의 모양을 알아내면 그것이 어떻게 기능하는지 이해할 수 있을 것이라고 생각했다. 오늘날 모두가 알고 있는 것처럼, 그것은 나선형 계단이나 꼬인 줄사다리를 닮은 유명한 이중 나선이다. 실제로 DNA는 매우 간단하다. 네 가지 기본 성분이 있을 뿐이다. 4개의 글자로 구성된 알파벳을 가지고 있는 것과 같다.

성분들은 특별한 방법으로 짝을 지어서 '가로대'를 만들고, 그 가로대의 사다리를 오르내릴 때에 성분들이 나타나는 순서가 DNA 암호이다. 단순한 단음과 장음으로 모스 부호를 만드는 것처럼 여러 가지 방법으로 짝을 조합할 수 있고, 그래서 32억 개의 암호가 만들어진다. 가능한 조합의 수는 상상하기도 거의 불가능한 수준이 된다. (정말 알고 싶다면 $10^{1,920,000,000}$이다.)

> DNA는 더 많은 DNA를 만들어내려는 단 한 가지 이유 때문에 존재하고, 여러분의 몸에는 엄청나게 많은 DNA가 있다. 거의 2미터 길이의 DNA가 모든 세포에 구겨넣어져 있다. 사실 우리는 200억 킬로미터의 DNA를 가지고 있다.

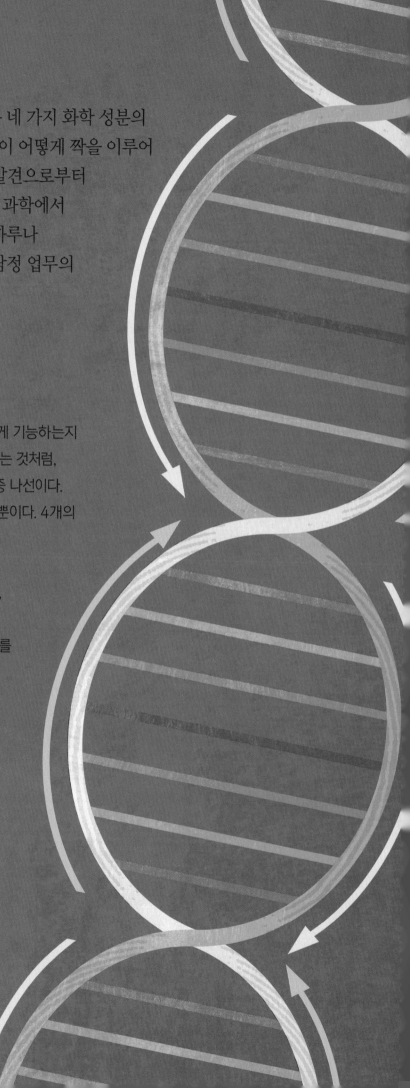

영원한 증거

DNA 자체는 살아 있지 않다. DNA는 특별히 '불활성'이다. 살인 사건 수사에서 오래 전에 말라버린 혈액에서 DNA를 채취하고, 선사시대 사람들의 유골에서 DNA를 추출할 수 있는 것도 바로 그런 이유 때문이다.

DNA에서 단백질로

인간 세포마다 많은 양의 DNA가 존재한다는 사실은 100년 전에 밝혀졌지만, 중요한 일을 하지는 않을 것이라고 여겼다. 훗날 DNA는 생명에 필수적인 과정인 단백질 생성과 관련이 있음이 밝혀졌다. 그러나 단백질은 세포의 핵 '바깥'에서 만들어지기 때문에 DNA가 어떻게 외부에 있는 단백질에게 메시지를 전달하는지 아무도 알아낼 수가 없었다.

오늘날 우리는 둘 사이에서 통역사의 역할을 하는 리보핵산, 즉 RNA가 그 답이라는 사실을 알고 있다. DNA와 단백질은 같은 언어를 사용하지 않는다. 하나는 힌두어를 쓰고, 다른 하나는 스페인어를 쓰는 것과 같다. 그들이 의사소통을 하려면 RNA 형태의 중재자가 필요하다. RNA는 리보솜이라는 화학 서기(書記)의 도움을 받아 세포의 DNA에서 전달되는 정보를 단백질이 이해하고, 행동할 수 있는 형식으로 전환시켜준다.

잊을 수 없는 로절린드 프랭클린

로절린드 프랭클린은 X-선 분광법을 연구하던 화학자였다. 그녀는 DNA 가닥을 연구하던 중 DNA가 나선형임을 알려주는 중요한 사진을 찍었다. 그녀의 사진 덕분에 유명한 DNA 모형을 만든 왓슨과 크릭은 1962년 노벨상을 받았다. 1958년에 사망한 로절린드는 업적을 인정받지 못했다.

이제 우리를 구성하고 있는 물질의 세계를 떠나 우리가 어디에서 시작되었는지를 살펴본다.

더웠다가, 추웠다가

이미 살펴보았듯이 우리가 생존하기 위해서는 너무 덥지도 춥지도 않은 기후가 필요하다.
지구가 우주 공간에서 움직이는 동안에 태양 주위를 공전하는 기울기와 궤도가 변한다.
그것이 햇빛이 비치는 시간과 세기에 영향을 주어서, 더위와 추위를 발생시킨다.

기후와 청소부

우리가 그런 지식을 알게 된 것은 학식이 높은 과학자가 아니라 평범한 관리인 덕분이었다.
1821년에 태어난 제임스 크롤은 목수, 보험 판매원, 호텔 관리인 등의 다양한 직업을
전전하다가 스코틀랜드 글래스고의 한 대학교 청소부가 되었다. 그는 조용한 저녁마다
도서관에서 물리학, 역학, 천문학을 독학으로 공부했고, 지구의 움직임과 그것이 기후에
미치는 효과에 대한 일련의 논문을 쓰기 시작했다.

크롤은 지구 궤도의 모양이 타원에서 거의 원형으로 바뀌었다가 다시 타원으로 바뀌는
것이 빙하기의 시작과 끝을 설명해줄 수 있을 것이라고 처음 주장한 사람이었다.

빙하와 흔들림

밀루틴 밀란코비치라는 세르비아의 기계공학자도 그 문제에 관심을 가졌다. 그는 그런
복잡한 사이클과 빙하기의 시작과 끝 사이에 어떤 관계가 있을 것이라고 생각했다.
지질학자들에 따르면, 과거의 빙하기들이 지속된 기간은 대략 2만 년, 4만 년, 10만 년
등으로 크게 차이가 났다. 빙하기가 어떻게 시작되고 끝나며, 얼마나 오랫동안
지속되는지를 알아내려면 엄청난 양의 계산이 필요했다.

그런 반복적인 일이 바로 밀란코비치가 좋아하던 것이었다. 그는 20년 동안 연필과 자를
이용해서 그런 사이클에 대한 표를 만들었다. 그런 계산은 오늘날의 컴퓨터를 이용하면
하루이틀 만에 끝낼 수 있다. 1930년에 발간된 그의 책은 빙하기와 행성의 흔들림 사이에
분명한 관계가 있다는 사실을 보여주었다.

여름 빙하

러시아 태생의 독일 기상학자 블라디미르 쾨펜은 빙하기가 혹독한 겨울이
아니라 서늘한 여름 때문에 시작된다고 생각했다. 여름이 너무 서늘해서 눈이
전부 녹지 않으면, 햇볕이 눈 표면에서 반사되어 냉각 효과가 더욱 악화되면서
더 많은 눈이 내린다. 눈이 쌓여서 빙원이 만들어지면, 그 지역은 더욱
추워지고 얼음은 더욱 늘어나게 된다.

움직이는 빙하의 산

최근의 빙하기는 비교적 작은 규모였지만 오늘날의 기준으로는 엄청나게
거대한 것이었다. 빙원의 가장자리 두께가 거의 800미터나 되었다.
그런 높이의 얼음벽 밑에 서 있다고 생각해보자. 그 뒤에 펼쳐진 수백만
제곱킬로미터에는 아주 높은 산꼭대기 몇 개가 솟아 있는 것 이외에는
얼음뿐이다. 대륙 전체는 얼음의 엄청난 무게 때문에 가라앉았다.
그런 대륙들은 빙하가 사라지고 1만2,000년이 지난 지금도 제자리를
찾아서 솟아오르고 있다.

꽁꽁 어는 시대

지극히 최근까지 대부분의 역사에서 지구의 일반적인 기후는 어디에서도 영구 빙하를 찾아볼 수 없을 정도로 더웠다. 그런데 지금도 우리는 약 4,000만 년 전에 시작되어, 살인적으로 혹독했거나 비교적 괜찮았던 시기가 섞여 있는 빙하기에 살고 있다.

우리의 빙하기

마지막 빙하기가 절정에 이르렀던 대략 2만 년 전에는 지구 육지의 30퍼센트 정도가 빙하에 덮여 있었다. 현재는 10퍼센트가 빙하에 덮여 있다. 지구상의 민물 중에서 75퍼센트는 얼음에 갇혀 있고, 북극과 남극에 모두 만년설이 있는 지금의 상태는 지구의 역사상 아주 독특한 것이다. 세계 대부분의 지역에 눈이 내리는 겨울이 찾아오고, 뉴질랜드와 같이 온화한 지역에도 영구 빙하가 존재한다는 사실이 아주 자연스러워 보일 수도 있지만, 사실은 지구 역사에서 가장 특이한 상황에 해당한다.

얼었다가 녹았다가

약 22억 년 전에 대규모 빙하기가 있었다.

그후에는 10억 년 정도의 온난기가 이어졌다.

그리고는 첫 번째 빙하기보다 더 심해서 눈덩이 지구로 알려진 또다른 빙하기가 있었다. 지난 250만 년 정도의 기간 중에 적어도 17차례의 심각한 빙하기가 있었던 것으로 보인다.

약 1만2,000년 전에 지구는 다시 상당히 빠르게 따뜻해지기 시작했다.

예보 : 또 추위가 찾아온다

우리는 지금 빙하기들 사이에 비교적 온화한 날씨가 이어지는 간빙기라고
알려진 시기에 살고 있다. 사실 인간이 발전할 수 있었던 것은 바로 이런 좋은
날씨 덕분이었다. 그러나 이런 따뜻한 기후가 오래도록 계속될 것이라고
생각할 이유는 없다. 엄청난 추위가 닥쳐올 것이라고 믿는 과학자들도 있다.

지구 온난화가 빙하기로 돌아가려는 경향을 상쇄시키는 역할을 할 것이라고
믿는 것은 당연하다. 그러나 지구 온난화는 얼음을 얼리기보다는 많은 양을
녹일 것이다. 대륙빙이 모두 녹으면 해수면은 20층 건물과 맞먹는 60미터의
높이로 올라가고, 세계의 모든 해안 도시들은 물에 잠길 것이다. 그러나
앞으로의 전망은 아주 혼란스럽다. 일부 자료에 따르면, 지구의 온도 상승이
남극 대륙 서부의 대륙빙이 녹는 원인이 되었다고 한다. 지난 50년 동안 그
주변의 수온이 섭씨 2.5도나 올라갔다고 한다. 그러나 최근에 남극 대륙의
대륙빙이 '늘어나고 있다'는 연구 자료도 있다.

앞으로 끔찍한 추위와 푹푹 찌는 더위 중 어느 것이 더 가능성이 높을지는
알 수 없다. 한 가지 확실한 사실은, 우리가 칼날 위에서 살고 있다는 것이다.

빙하기가 지구에게는
나쁜 것이 아니었다. 빙하는
이동과 변화를 가능하게
해준다. 이 점을 염두에 두고,
이제는 빙하기의 장점을
활용했던 유인원에 대해서
살펴볼 시간이다.

그러다가 갑자기 극심한 추위가
찾아와서 1,000년 정도 계속되었다.

그후에 지구는 다시 더워졌고, 지금
우리는 몇 차례 되지 않는 더운 시기에
살고 있다.

그러나 앞으로도 정말 긴 시간의 따뜻한
기후를 기대하기 전에 각각 10만 년 정도
계속될 빙하기를 50차례 이상 맞게 될
것으로 예상된다.

두개골과 유골

1887년 크리스마스 직전에 네덜란드의 젊은 의사 외젠 뒤부아 박사가 네덜란드령 동인도 제도의 수마트라에 도착했다. 지구에서 가장 오래된 사람의 유골을 찾기 위해서였다. 뒤부아는 단순히 직감을 따랐을 뿐이었다. 그리고 기적과도 같은 놀라운 사실은 그가 찾고 있던 것을 발견했다는 것이다.

뒤부아가 발굴한 두개골 파편을 근거로 재현한 자바인.

똑똑한 결론

뒤부아는 50명의 죄수들을 이용해서 발굴을 시작했다. 그들은 1년간 수마트라에서 발굴 작업을 한 후에 자바로 옮겨갔다. 뒤부아 자신은 발굴 현장을 자주 찾지 않았지만, 그의 발굴단은 고대 인류의 두개골을 찾아냈다. 두개골의 작은 일부였지만 그 두개골의 소유자가 사람과는 분명히 닮지 않았고, 다른 유인원보다는 뇌가 훨씬 더 크다는 것을 알 수 있었다. 뒤부아는 그것을 안트로피테쿠스 에렉투스라고 부르고, 유인원과 인간 사이의 잃어버린 연결 고리라고 주장했다. 오늘날 우리는 뒤부아의 '자바인'을 호모 에렉투스라고 부른다.

다음 해에 뒤부아의 발굴단은 놀라울 정도로 현대적으로 보이는 거의 완벽한 대퇴골을 찾아냈다. 뒤부아는 그 대퇴골을 근거로 안트로피테쿠스가 똑바로 서서 걸었을 것이라고 주장했다. 실제로 그의 주장이 옳았던 것으로 밝혀졌다. 그는 두개골의 일부와 이빨 하나만으로 완전한 두개골의 모형을 제작했는데, 그것도 역시 놀라울 정도로 정확했던 것으로 밝혀졌다.

여기저기를…

지구의 반대편 아프리카 칼라하리 사막의 가장자리에서 1924년 말, 작지만 놀라울 정도로 얼굴 모양이 그대로 보존된, 완벽한 어린이의 두개골이 발견되었다. 고고학자들은 곧바로 그 두개골이 자바인보다 훨씬 더 오래된 유인원의 것이라는 사실을 알아차렸다. 그들은 그 두개골이 200만 년 전의 것이라고 추정하고, '아프리카의 남부 유인원'이라는 뜻으로 오스트랄로피테쿠스 아프리카누스라고 이름을 붙였다.

그리고 중국에서는 데이비슨 블랙이라는 천재적인 캐나다 아마추어가 오래된 유골이 많은 곳으로 유명했던 룽구 산(龍骨山) 주변을 조사하고 있었다. 그는 화석화된 어금니 하나를 발견했고, 그것만을 근거로 곧바로 '베이징인(北京人)'으로 알려지게 된 시난트로푸스 페키넨시스를 발견했다고 발표했다. 상당히 훌륭한 결론이었다.

…파헤쳐보기

그때부터 더 많은 유골들이 발굴되었고, 호모 오리그나켄시스, 오스트랄로피테쿠스 트란스바알렌시스, 파란트로푸스 크라시덴스, 진얀트로푸스 보이세이를 비롯한 새로운 이름들이 홍수처럼 쏟아져나왔다. 거의 모두가 새로운 속과 종을 나타낸 것들이었다. 1950년대 말에 이르러서는 이름이 붙여진 사람과의 수가 100가지를 훨씬 넘어섰다.

우리가 유래된 곳

생명체로서 우리 역사의 초기 99.87퍼센트 동안에 우리는 침팬지와 같은 조상을 공유하고 있었다. 침팬지 이전의 역사에 대해서는 거의 알려진 것이 없다. 그런 후에 대략 700만 년 전에 무엇인가 엄청난 일이 일어났다. 새로운 존재가 아프리카의 열대 밀림에 등장해서 광활한 평야를 돌아다니기 시작했다. 그들이 바로 오스트랄로피테쿠스였다.

다음 500만 년 동안 오스트랄로피테쿠스는 세계를 지배한 사람종이었다.

우리 모두의 할머니, 루시

세계에서 가장 유명한 오스트랄로피테쿠스 유골은 318만 년 전의 것으로 밝혀졌다. 1974년 에티오피아에서 발굴되어 루시로 알려지게 되었다. 루시는 우리의 가장 오랜 선조이고, 유인원과 인간 사이의 잃어버린 연결 고리로 알려져 있다.

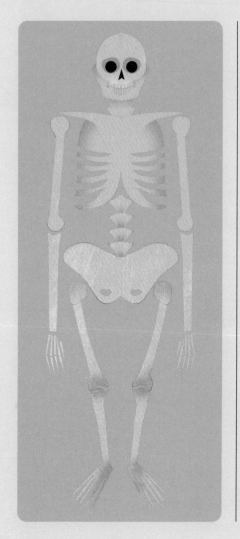

작은 유골

루시는 키가 1미터 정도로 작았지만, 두 발로 걸을 수 있었다. 물론 얼마나 잘 걸을 수 있었는지에 대해서는 논란이 있다. 그녀는 나무도 잘 탔을 것이 분명하다. 다른 것은 대부분 알 수가 없다. 그녀의 두개골은 거의 완전히 사라졌기 때문에, 뇌의 크기도 알 수가 없다. 그러나 그리 크지는 않았을 것이다.

인간의 몸에는 206개의 뼈가 있지만, 똑같은 것들도 많다. 왼쪽 대퇴골만 있으면 오른쪽 것이 없어도 크기를 알 수 있다. 루시의 남아 있는 유골은 완전한 뼈들만 고려하면 약 20퍼센트에 불과하다. 실제로 루시가 여성인지도 확실하지 않다. 몸집이 작았을 뿐이다.

루시와 우리의 진짜 관계에 대해서 의심하는 사람들도 많다. 최근에 밝혀진 사실에 따르면, 루시와 같은 유인원은 사라졌고, 우리의 진짜 조상은 따로 있었을 가능성도 있다. 2002년에 발굴된 오스트랄로피테쿠스 유골은 700만 년이나 된 가장 오래된 것이다. 유골의 주인은 초기의 원시적인 유인원으로 똑바로 서서 걸었던 것으로 보인다. 원시 인류는 우리의 생각보다 훨씬 전부터 그렇게 살아왔다.

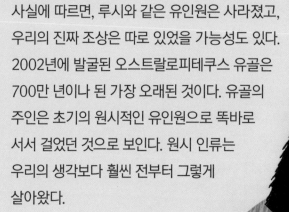

두 발로 걷기

네 발 대신 두 발로 걷는 것은 힘들고 위험하다. 온몸의 무게를 견뎌낼 수 있도록 골반이 변형되어야 하고, 여성의 산란관이 상당히 좁아져야만 한다. 그런 변화에는 심각한 문제가 있다. 첫째, 아기를 낳는 산모에게 엄청난 고통을 주게 되고, 산모와 아기의 사망률을 크게 증가시킨다. 더욱이 아기의 머리가 좁은 공간을 통해서 빠져나오려면, 아기의 뇌가 작아서 무력할 때에 출산을 해야 한다. 신생아를 오랫동안 돌보아야 하고, 아기를 돌보는 일에 남성과 여성의 긴밀한 협력이 필요하다는 뜻이다.

위험을 극복하기

루시와 그 동료들이 나무에서 내려와 숲을 빠져나온 이유는 무엇일까? 어쩌면 선택의 여지가 없었을 것이다. 세계는 극심한 빙하기로 접어들면서 동아프리카에까지 영향을 미쳤다. 짙은 밀림이 초원으로 바뀌면서 밀림의 보호 기능도 사라졌다. 원시 인류들은 훨씬 더 많이 노출될 수밖에 없었다. 똑바로 선 유인원은 더 잘 볼 수 있지만, 더 쉽게 눈에 띄기 때문에 더 강하고, 빠르고, 예리한 이빨을 가진 대형 동물의 먹이가 될 수도 있었다. 공격을 당한 현대 인류에게는 뛰어난 뇌와 위험한 물체를 휘두를 수 있는 손이라는 두 가지 장점이 있었다.

생존의 필요에 직면한 루시와 동료들은 서둘러서 지능을 개발해야 했다. 그러나 300만 년 넘게 그들의 뇌는 커지지 않았고, 아주 단순한 도구도 사용했다는 흔적이 없다. 더욱 이상한 것은 오스트랄로피테쿠스들이 거의 100만 년 동안이나 도구를 사용했던 다른 초기 인류들과 함께 살았다는 것이다.

큰 뇌

오랫동안 큰 뇌와 똑바로 서서 걷는 것이 직접 연결되어 있다고 생각했지만, 오스트랄로피테쿠스의 화석 증거는 그 두 가지가 전혀 관계가 없다는 사실을 보여주었다. 사실 뇌가 커지게 된 것은 단순히 진화적인 우연이었을 수도 있다.

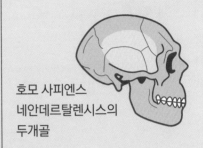

호모 사피엔스 네안데르탈렌시스의 두개골

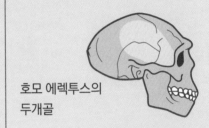

호모 에렉투스의 두개골

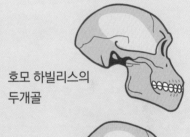

호모 하빌리스의 두개골

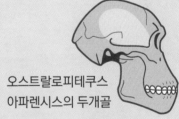

오스트랄로피테쿠스 아파렌시스의 두개골

뇌는 바라는 것이 많은 기관이다. 뇌는 몸무게의 2퍼센트에 지나지 않지만 에너지의 20퍼센트를 사용한다. 또한 사용하는 연료에 무척 까다롭다. 뇌는 포도당을 사용하며, 엄청난 양을 필요로 한다. 뇌를 굶주리게 만들면 곧바로 죽음에 이르게 된다.

뇌의 절대적인 크기는 중요하지 않다. 코끼리와 고래의 뇌는 우리의 뇌보다 훨씬 크다. 뇌와 몸의 상대적인 크기가 중요하다.

여기에서 저기로

300만 년에서 200만 년 전의 기간 동안에 아프리카에는 루시를 많이 닮은 여섯 부류의
오스트랄로피테쿠스가 공존했던 것으로 보인다. 그중에서 단 하나만이 살아남았다.
대략 200만 년 전에 출현한 호모가 바로 그들이었다. 오스트랄로피테쿠스는 100만 년 전에
지구에서 홀연히 사라졌다.

호모 에렉투스

호모 에렉투스가 경계선이다. 그 이전에 존재했던 모든 종들은
유인원과 같은 특성을 가졌고, 그 이후에 출현한 모든 종들은
인간과 같은 특성을 가졌다. 호모 에렉투스는 대략 180만 년
전부터 아마도 2만 년 전까지 존재했다. 호모 에렉투스는 처음으로
사냥을 했고, 불을 사용했으며, 복잡한 도구를 만들었고,
집단생활의 흔적을 남겼고, 늙고 병든 동료를 돌보아주었다.
그 이전에 살았던 초기 인류와 비교해볼 때 호모 에렉투스는
모습이나 행동이 지극히 인간적이었고, 팔다리가 길고, 말랐지만
아주 강했으며(현대 인류보다 더 강했다), 엄청나게 넓은 지역으로
퍼질 정도의 욕구와 지능을 가지고 있었다.

호모 하빌리스

호모속은 우리가 거의 아무것도 알아내지 못한
호모 하빌리스로 시작된다. 호모 하빌리스
('도구를 쓰는 사람')라는 이름은 아주 단순하며,
도구를 처음 사용한 초기 인류였다는 뜻이다.
인간이라기보다는 침팬지에 더 가까운
매우 원시적인 상태였지만, 뇌는 루시보다
50퍼센트나 더 컸다.

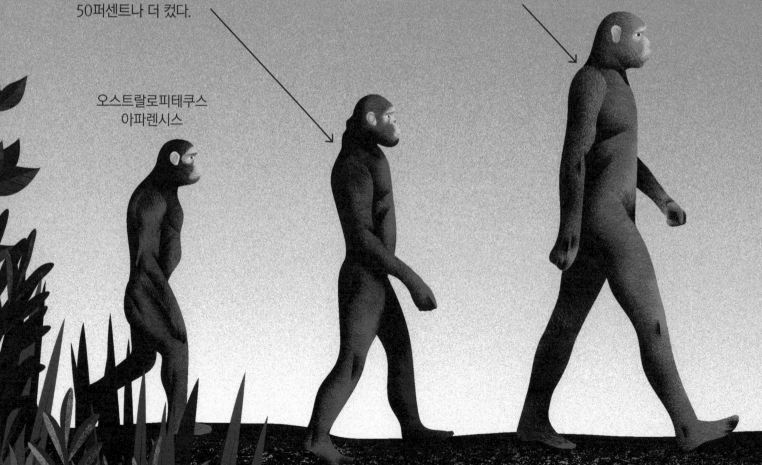

오스트랄로피테쿠스
아파렌시스

호모 사피엔스 네안데르탈렌시스

네안데르탈인들은 더없이 강인했다. 그들은 수만 년 동안 태풍에 버금가는 바람이 일상이 된 최악의 빙하기에서 살아남았다. 기온이 섭씨 영하 45도까지 떨어지는 일도 흔했고, 북극곰들이 영국 남부의 눈 쌓인 계곡을 어슬렁거리기도 했다. 서른 살을 넘긴 네안데르탈인들은 아주 운이 좋은 경우였지만, 종(種)으로서 그들은 놀라울 정도로 끈질겼고, 실질적으로는 불멸의 존재였다. 그들은 지브롤터에서 우즈베키스탄에 이르는 지역에서 살아남았던 매우 성공적인 종이었다.

호모 사피엔스 사피엔스

초기의 현대적 인류는 놀라울 정도로 애매하다. 그들이 약 10만 년 전에 처음으로 출현했다고 모두가 동의하는 지역은 지중해 동쪽이다.

먼 오스트랄로피테쿠스로부터 완전한 현대 인류에 이르는 모든 진화적 경쟁의 결과가, 유전학적으로 볼 때 현대 침팬지와 98.4퍼센트가 동일한 인간이라는 사실을 기억할 필요가 있다.

도구를 만드는 사람들

대략 150만 년 전의 어느 시기에 초기 인류 중의 잊힌 천재가 뜻밖의 일을 했다. 그(또는 그녀)는 돌을 이용해서 다른 돌을 조심스럽게 다듬었다. 간단한 물방울 모양의 손도끼에 불과했지만, 세계 최초의 첨단기술로 만들어진 것이었다.

아슐리안 도구

그것은 당시에 존재하던 도구들보다 훨씬 뛰어났기 때문에 다른 사람들도 곧바로 발명자의 도움을 받아서 자신의 손도끼를 만들기 시작했다. 결국에는 사회 전체가 그 일에 매달리기 시작했다. 도끼는 처음 발굴된 곳인 프랑스 북부의 지명을 따서 아슐리안 도구라고 부른다. 동아프리카 탄자니아의 올두바이 계곡에서 처음 발굴된 더 오래되고, 더 단순한 올두바이 도구와 비교된다.

도구 공장

동아프리카의 거의 5,000킬로미터를 가로지르는 동아프리카 지구대에는 올로르게셀리에라는 고대 유적지가 있다. 한때 크고 멋진 호수 옆에 자리하고 있었던 이곳에서는 셀 수 없을 정도로 많은 도구들이 제작되었다. 도끼를 만들던 수정이나 흑요석(黑曜石)은 모두 한 아름의 돌을 옮겨오기에는 상당히 먼 10킬로미터 정도 떨어진 산에서 옮겨온 것이었다.

활발한 작업

당시의 도구 제작자들은 그곳을 도끼를 만드는 곳과, 무뎌진 도끼를 가져와서 날카롭게 수선하는 곳으로 구분해서 사용했다. 도끼를 만드는 일은 어려워서 상당한 노동력이 필요했다. 숙련된 제작자도 도끼 제작에는 몇 시간이 걸렸다. 그러나 이상하게도 그 도끼는 자르거나, 쪼거나, 벗겨내거나, 또는 다른 목적에는 특별히 훌륭하지 않았다. 초기 인류는 이 특정한 곳에 몰려들어서 상당히 쓸모가 없었던 도구를 엄청나게 많이 만들었던 것으로 보인다.

이동하는 인류

우리가 초기 인류와 어떻게 연결되었는지에 대해서 대다수의 전문가들이 인정하는 전통적인 이론은 그들이 두 번에 나누어 아프리카를 떠났다는 것이다.

첫 번째로 떠난 이들은 호모 에렉투스였다. 그들은 종으로 등장한 직후인 거의 200만 년 전부터 아프리카를 떠났다. 시간이 지나면서 여러 지역에 정착했고, 초기 에렉투스들은 안트로피테쿠스 에렉투스와 아시아의 시난트로푸스 페키넨시스, 그리고 결국에는 유럽의 네안데르탈인으로 진화했다.

그리고 10만 년 전에 아프리카 평야에 더욱 똑똑한 종이 등장해서 두 번째로 바깥쪽으로 퍼지기 시작했다. 이 새로운 호모 사피엔스는 가는 곳마다 덜 똑똑한 선배들을 대체했다. 이들이 바로 오늘날 우리 모두의 선조들이다.

여기까지 왔다!

우리는 짠 바닷물에 대해서 거의 알지 못한 채로 시작해서 이런저런 문제들에 관해서 엄청나게 많은 것들을 알게 되었다. 지금까지 함께해준 것을 축하하고, 여러분도 새로운 지식을 좋아해주기를 바란다. 우리가 38억 년 전에 시작했다는 것을 생각하면 우리는 정말 먼 길을 온 셈이다.

지금까지 알아낸 것들

- 지구상의 생물들은 수십억 년 동안 끊임없이 변화해왔다.
- 우리 조상이 생존 능력(과 행운)을 가졌던 덕분에 우리가 여기에 있게 되었다.
- 우리는 단세포 유기체에서 시작되었다.
- 우리는 가스, 습기, 따뜻함이 혼합된 훌륭한 지구의 성질이 필요했다.
- 우리는 현재의 지배적인 사람속의 상태에 이르기까지 반복해서 변화했다.

우리는 어디에서 왔을까?

38억 년 동안 어떤 종류의 생물이 지구에 존재했다.

6억4,000만 년 전 확인된 가장 오래된 생물이 나타났다.

5억 4,000만 년 전 삼엽충이 처음 나타났다.

4억 년 전 최초의 육상 생물이 바다에서 나타났다.

대략 700만 년 전 최초의 초기 인류가 나타났다.

우리는 무엇으로 만들어졌나?

1730년대 칼 폰 린네는 지구에서 발견된 모든 생물들을 분류하기 시작했다.

1858 찰스 다윈은 생존하는 종은 변화하는 환경에 가장 잘 적응한다는 주장을 담은 「종의 기원」을 발간했다.

1865 그레고어 멘델이 유전 형질의 비밀을 밝힌 발견을 발표했다.

우리 인류의 조상들

1891 마리 외젠 프랑수아 토마스 뒤부아가 안트로피테쿠스 에렉투스라고 부른 원시 인류 두개골의 파편을 발견했다.

1974 가장 유명한 오스트랄로피테쿠스의 유골이 에티오피아에서 발견되어 루시로 알려졌다.

1908 토머스 헌트 모건은 염색체가 우리의 유전적 구성의 핵심이라는 사실을 확인할 수 있었다.

1953 왓슨과 크릭이 DNA 분자의 유명한 이중 나선 구조를 밝혔다.

지구의 빙하기

1860 제임스 크롤은 지구 궤도의 모양 변화가 빙하기의 출현과 후퇴를 설명해줄 수 있을 것이라고 제안했다.

1930 밀루틴 밀란코비치가 크롤의 이론을 확인해줄 수 있는 방대한 수학 계산을 했다.

오스트랄로피테쿠스 300만 년 전부터 200만 년 전까지 살았다.

호모 하빌리스 인간보다는 침팬지에 가까운 아주 원시적인 초기 인류로 200만 년 전부터 살았다.

호모 에렉투스

180만 년 전에 등장했다. 호모 에렉투스는 처음으로 사냥을 하고, 처음으로 불을 사용하고, 복잡한 도구를 만들었으며, 무리를 이루어 생활했다.

호모 사피엔스 네안데르탈렌시스

10만 년 전에 등장했다. 건강했고 최악의 빙하기에 수천 년을 생존했다.

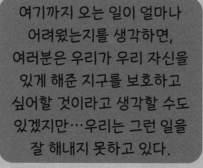

여기까지 오는 일이 얼마나 어려웠는지를 생각하면, 여러분은 우리가 우리 자신을 있게 해준 지구를 보호하고 싶어할 것이라고 생각할 수도 있겠지만…우리는 그런 일을 잘 해내지 못하고 있다.

인간이 떠맡는다

우리는 마지막 도도새가 사라지던 순간이 어떤 상황이었고, 언제 그런 일이 있었는지에 대해서 정확하게 알 수 없지만, 우리에게 어떤 해도 끼치지 않은 생물을 멸종시킨 행동은 용서받기 어렵다는 사실은 분명하게 알고 있다.

제비꼬리 호랑나비

도도새

태즈매니아 늑대

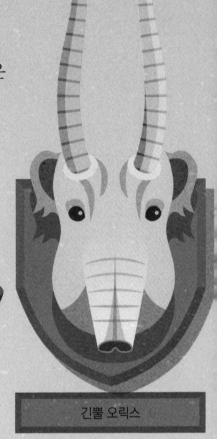

긴뿔 오릭스

잊힌 기록

도도새에 대해서 알려진 것은 다음과 같다. 도도새는 모리셔스에 살았고, 통통했지만 맛이 없었으며, 비둘깃과의 가장 큰 종이었다. 날지 못하는 도도새의 알과 새끼들은 사람들이 들여온 돼지, 개, 원숭이의 손쉬운 먹이가 되었다. 도도새는 놀라울 정도로 미련했다. 한 마리를 잡아서 울게 만들면 다른 도도새들도 뒤뚱거리면서 몰려들었다고 한다.

도도새는 1693년에 멸종된 것이 분명하다. 그러나 불쌍한 도도새에 대한 모욕은 계속되었다. 마지막 도도새가 죽고 약 70년이 지난 1755년에 옥스퍼드의 애슈몰린 박물관의 관장은 소장하고 있던 도도새 박제에서 곰팡이 냄새가 난다면서 모닥불 속으로 던져버렸다. 그것이 마지막 도도새였기 때문에 우리는 도도새가 어떤 모습이었는지 전혀 모른다.

계속, 계속, 끝

뾰족한 창을 가진 사냥꾼이 신대륙에 도착하면서 대형 동물의 4분의 3이 사라졌다. 동물들이 더 긴 세월 동안 인간과 함께 살았던 유럽과 아시아에서도 대형 동물 중의 3분의 1에서 절반이 멸종되었다. 오스트레일리아는 95퍼센트 이상이 사라졌다.

이상한 짐승

이미 사라진 동물들 중에는 정말 놀라운 것들도 있었다. 이층 방의 창문을 들여다볼 수 있는 땅늘보나, 거의 소형 자동차 크기의 거북, 오스트레일리아 서부의 사막을 지나는 고속도로 옆에 누워 있는 길이 6미터의 왕도마뱀을 생각해보자. 오늘날 전 세계를 통틀어서 대형 육상 동물은 코끼리, 코뿔소, 하마, 사슴의 단 4종뿐이다. 지구 생명의 수천만 년 역사에서 이렇게 작아지고 맥이 빠진 적은 없었다.

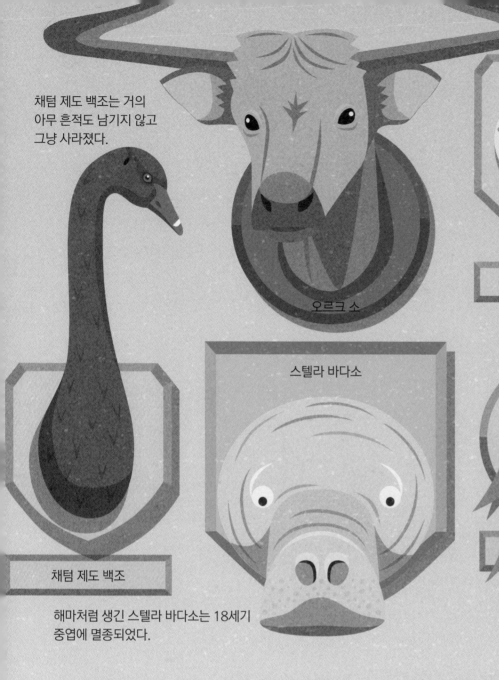

채텀 제도 백조는 거의 아무 흔적도 남기지 않고 그냥 사라졌다.

오르크 소

스텔라 바다소

채텀 제도 백조

해마처럼 생긴 스텔라 바다소는 18세기 중엽에 멸종되었다.

레위니옹 코끼리거북

큰주홍부전나비

캐롤라이나 쇠앵무새

캐롤라이나 쇠앵무새는 해로운 새라고 오해한 미국 농부들의 사냥 때문에 멸종되었다.

인간이 얼마나 파괴적인지는 아무도 모른다. 그러나 지난 5만 년 동안에 우리가 가는 곳마다 놀라울 정도로 많은 동물들이 사라졌다는 것은 분명하다.

멸종의 충동은 최근까지도 이어졌다. 오스트레일리아에서는 개처럼 생겼지만 등에 독특한 '호랑이' 무늬를 가진 태즈매니아 호랑이 또는 늑대에 보상금을 걸었다. 1936년에 버림받았던 마지막 태즈매니아 늑대가 사설 호바트 동물원에서 죽을 때까지 그런 제도는 계속되었다. 오늘날 태즈매니아 박물관에 가서 현대까지 살았던 유일한 대형 육식성 유대류인 이 동물에 대해서 여러분이 볼 수 있는 것은 사진과 61초짜리 오래된 필름뿐이다. 마지막까지 생존했던 태즈매니아 늑대는 쓰레기통에 버려졌다.

살인종?

그렇다면 인간은 다른 생물들에게 고약한 존재일까? 슬프겠지만 우리는 그런 존재일 가능성이 높다. 생물학적 역사를 통틀어서 지구에서 자연적인 멸종의 속도는 평균 4년에 1종이다. 인간에 의한 멸종의 속도는 그보다 12만 배나 된다고 한다.

사냥꾼들은 트로피용 뿔과 이빨을 얻기 위해서 수많은 동물들을 쏘아 죽였다.

이제 무엇을?

지금까지는 탄생의 순간인 빅뱅에서 나노초가
지난 후부터 인간이 지구를 지배하기까지
지구의 발전 과정을 추적해보았다.
우리 인간에 관한 한 그 역사는 모두
소개되었다. 그러나 인간이 지구를
차지하고 1,500만 년이 지난 지금, 우리는
도대체 무엇을 얻었을까?

지나치기

불행하게도 토머스 미즐리와 같은 사람들이 경솔하게
지구를 교란시키기도 한다. 10년이 지날 때마다
늘어난 수백만 명의 사람들이 살 곳을 찾아 헤맨다.
일상적인 안락함이 아니라 하루하루의 생존을 위해서
투쟁해야 하는 사람들도 많다.

위험한 요구

우리가 더 좋고 더 빠른 것을 요구하면서 대기 중에 엄청난 양의 이산화탄소가 추가로 쏟아져나왔다. 1850년 이후로 우리는 1,000억 톤의 이산화탄소를 공기 중에 배출했던 것으로 추정된다. 매년 70억 톤씩 늘어난 총량이 그렇다. 전체적으로 보면, 실제로 그렇게 많은 양은 아니다. 자연은 주로 화산 폭발과 식물의 부패를 통해서, 우리가 자동차와 공장에서 대기 중으로 배출하는 양의 거의 30배에 이르는 약 2,000억 톤의 이산화탄소를 매년 쏟아낸다. 그런데도 우리는 도시를 짓누르고 있는 오염된 연무를 통해서 우리가 쏟아낸 결과를 볼 수 있다.

빨라지는 온난화

지금까지 (많은 양의 탄소를 저장해주는) 지구의 바다와 숲은 우리 자신으로부터 우리를 지켜줄 수 있었다. 그러나 자연이 우리를 더 이상 보호해주지 않고, 대신 사태를 더욱 악화시키고, 지구 온난화를 더 가속시킬 수도 있다. 적응하지 못한 나무를 비롯한 식물들이 죽으면 갇혀 있던 탄소가 방출되어 문제가 더 악화된다.

좋은 소식은, 지구상에서 마지막으로 생물이 거의 사라질 뻔했을 때 우리가 무사히 돌아올 수 있었다는 것이다.

나쁜 소식은, 그렇게 되기까지 6만 년이 걸렸기 때문에 우리 중 누구도 살아남아서 그런 결과를 즐길 수 없다는 것이다.

안녕

이런 모든 것에 대해서 이야기하는 것은, 만약 여러분이 우리의 외로운 우주에서 생물을 돌보고, 어디로 가고 있는지를 살펴보고, 어디를 지나왔는지를 기록하는 유기체를 설계한다면, 여러분은 인간을 선택하지 않을 것임을 지적하려는 것이다.

존재하는 것 중에서 최고

그러나 우리는 운명이나 섭리나, 아니면 여러분이 부르고 싶은 무엇에 의해서 선택되었다. 우리가 말할 수 있는 한, 우리는 존재하는 것 중에서 가장 뛰어난 존재이다. 우리는 존재하는 것의 전부일 수도 있다. 우리가 살아 있는 우주의 가장 뛰어난 성과이면서 동시에 가장 나쁜 악몽이기도 하다는 사실은 두려운 것이다.

우리가 살아 있거나 그렇지 않거나 상관없이 무엇을 돌보는 일을 놀라울 정도로 소홀히 했기 때문에, 우리는 얼마나 많은 것들이 영원히 사라졌는지, 곧 사라지게 될 것인지, 아니면 절대 사라지지 않을 것인지는 물론이고, 우리가 그 과정에서 어떤 역할을 했는지에 대해서도 알 수가 없다. 도무지 알 수가 없다.

> 사실 현재의 우리 행동이 미래에 어떤 영향을 줄지는 전혀 알 수 없다. 우리가 아는 것은 우리가 살 수 있는 지구는 단 하나뿐이고, 그 미래를 결정할 능력을 가진 유일한 존재가 우리라는 사실이다.

제비뽑기의 행운

우리 우주에서는 어떤 종류의 생물이라도 출현한다는 것 자체가 대단한 성과인 것처럼 보인다. 물론 인간인 우리는 두 배로 행운을 얻은 셈이다. 우리는 존재의 특권뿐만 아니라 그 가치를 인식하고, 심지어 여러 가지 방법으로 삶을 더욱 개선할 수 있는 희귀한 비결을 가지고 있다. 우리가 이제 겨우 이해하기 시작한 재능이다.

우리는 놀라울 정도로 짧은 시간에 이곳까지 도달했다. 행동학적으로 현대 인류는 지구 역사의 0.01퍼센트보다 짧은 기간을 존재해왔을 뿐이다. 정말 아무것도 아닐 정도로 짧은 기간이었지만, 그렇게 짧은 기간의 존재를 위해서도 거의 무한한 행운이 연속되어야 했다.

> 우리는 정말 이제 막 시작일 뿐이다. 물론 우리가 종말을 맞이하지 않도록 하는 것이 비결이다. 그렇게 되려면 연속적인 행운보다 훨씬 더 많은 것들이 필요하다.

찾아보기

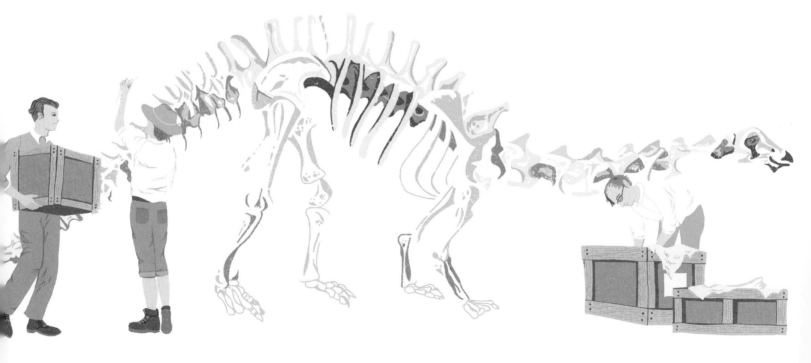

그림 및 사진 출처

Alamy Stock Photo: page 55 (Classic Image).

Dan Newman: pages 11, 25, 27, 67, 78, 89.

Daniel Long: pages 2–3, 12–13, 18–19, 32–33, 48–49, 60–61, 66–69, 78–81, 96–97, 102–103, 120–121, 128–129, 132–133, 138–139, 144–145, 156–157.

Dawn Cooper: pages 10–11, 20–21, 26–27, 34–35, 44–45, 54–55, 58–59, 76–77, 84–87, 98–99, 104–105, 110–111, 118–119, 124–125, 130–131, 146–147, 152–153, 160–161 and cover.

Katie Ponder: pages 1, 4–5, 14–15, 24–25, 28–29, 36–37, 39, 42–43, 46–47, 52–53, 64–65, 72–73, 75, 88–91, 100–101, 112–113, 115, 116–117, 122–123, 134–135, 140–141, 148–149, 157.

Jesús Sotés: pages 6–9, 16–17, 22–23, 30–31, 40–41, 50–51, 56–57, 62–63, 70–71, 82–83, 92–95, 106–109, 126–127, 136–137, 142–143, 150–151, 158–159.

Science Photo Library: pages 15(NASA/JPL−CALTECH), 32 (NASA/GODDARD SPACE FLIGHT CENTER/SDO), 46(ETH−Bibliothek Zürich), 52(Paul D. Stewart), 63(Ted Kinsman), 71(NASA), 73(Sputnik), 91(NASA), 101(NASA/GSFC−SVS).

Shutterstock: pages 11(PanicAttack, ivector, Ibooo7), 35(shurkin_son), 47(Albert Russ), 56(snapgalleria), 72(Bjoern Wylezich), 86(Rainer Lesniewski), 111 (Yuttapol Phetkong), 149(Usagi−P).